아이가 친구 때문에 울 때

# 아이가 친구 때문에 울 때

20만 부모 멘토,
윤지영쌤의
초등 관계 수업

서교책방

# 아이 친구 관계 때문에
# 걱정 많은 엄마에게

"엄마, 오늘 누구 만나고 왔어?"

제가 낮에 소파에 누워있으면 딸이 이렇게 묻습니다. 저는 사람을 만나고 집에 오면 꼭 누워서 쉬거든요. 친한 친구를 만나도 한 시간쯤은 쉬어야 하고, 아이들 학교 반 모임처럼 편치 않은 자리라면 그다음 날까지 쉬어야 겨우 충전이 됩니다. 가끔은 '내가 사회성이 부족한 걸까?' 하는 의문이 들 정도로 저는 인간관계에서 쉽게 피로감을 느끼는 편입니다.

20만 팔로워의 교육 인플루언서로 소개되기도 하지

만, 실제 저는 조용한 아웃사이더로 살아가고 있습니다. 학창 시절에도 늘 조용했고, 교사로 일할 때도 아이들이 하교한 뒤 텅 빈 교실에 혼자 남아있는 시간을 가장 편안하게 느꼈습니다. 가정을 꾸린 지금도, 남편이 아이들에 강아지까지 모두 데리고 외출해주면 그때가 제게는 최고의 힐링 타임입니다. 사람들의 사랑과 관심을 받는 건 감사하고 행복한 일이지만, 정작 저는 주목받는 일을 낯설어하는 사람이에요.

내향적인 성격에 예민한 구석도 있다 보니 여러 사람과 무던히 어울려 지내는 건 제게 쉬운 일은 아니었어요. 교사로서 사회생활은 그럭저럭 무리 없이 해냈지만, 엄마가 되어 마주하는 아이 친구 관계 속 문제는 무척 어려웠습니다. 초등학교 교사로 일하면서 교실 속 다양한 갈등 상황을 해결해본 경험이 있음에도 정작 내 아이가 곤란을 겪으니 어떻게 해야 할지 모르겠더라고요. 딸의 친구 엄마가 예고 없이 전화를 걸어 불만을 말할 때나, 아들의 친구들이 아들을 얕잡아 보는 것 같을 때, 어떻게 해야 할지 감이 오지 않았습니다. 다른 엄마들이 능숙하게 대처하는 모습을 볼 때면 놀랍기도 하고, 한편으론 부럽기도 했어요. 저는 그런 순발력이 없어서 사소한 갈등에도 오래도록 고민해야 했거든요.

어디 저만 그럴까요? 많은 부모님들이 아이 친구 관계나 아이 친구 엄마들과의 관계에 어려움을 호소합니다. 사람과 사람 간의 관계가 어려운 건 변수가 많기 때문인데요, 아이가 엮인 관계에서는 그 변수가 두 배로 늘어납니다. 예측이 안 되다 보니 불안하고 막막할 수밖에요.

먼저 짚어야 할 건 어른의 인간관계와 아이의 친구 관계의 차이입니다. 어른이 된 우리와 자라는 아이의 친구 관계는 결이 다릅니다. 어른이 된 우리의 인간관계는 선택의 여지가 많아요. 불편한 모임은 굳이 나가지 않아도 되고, 부담스러운 사람이라면 적당히 거리를 두고 지낼 수 있습니다. 내가 피로감을 느끼면서까지 억지로 인간관계를 위해 애쓰고 노력할 필요는 없지요. 또 성인은 안 맞는 사람과도 충돌 없이 지낼 수 있고 그래서 극단적인 대립은 좀처럼 없죠.

하지만 아이들은 그렇지 않아요. 학교라는 공간에서 일 년 내내 같은 반 친구들과 부대끼며 지내야 해요. 갈등이 생겨도 안 보면 그만이라고 여길 수가 없지요. 오늘 틀어져도 내일 또 같은 교실에서 마주치고 짝이나 모둠을 이뤄야 하니까요. 어른은 관계를 스스로 선택하거나 회피할 수 있지만, 아이는 학교라는 공동체에서 갈등을 고스란히 겪어내야 합니다.

　　그런데 아이는 이런 갈등 속에서 배우고 성장합니다. 꼭 필요하고 중요한 경험이에요. 매일 얼굴을 봐야 하는 상황이 때론 괴로울 수 있지만, 바로 그 경험을 통해 적응력과 사회성이 키워지니까요. 자꾸 마주하고 부딪히는 경험이 다 연습의 과정인 거죠.

　　문제는 아이들이 아직 관계 경험이 부족하다 보니 대처가 서툴다는 겁니다. "너랑 안 놀아!", "너 쟤랑 절교해"라는 식으로 관계를 끊어버린다든지, 눈을 흘기거나 귓속말로 "쟤 빼고 우리끼리 놀자"라는 식으로 선을 그어 은근하게 괴롭힌다든지, 또 그런 친구에게 아무 말도 못 하고 당하기만 하는 모습도 비일비재하죠. 이처럼 미숙하기에 부모의 도움이 필요합니다. 아이 혼자 스스로 바람직하고 현명한 방식을 터득하기란 쉽지 않습니다. 그렇다고 부모가 나서서 아이가 겪는 갈등을 막아주거나 대신 해결해주는 것은 적절하지 않아요. 아이 스스로 부딪히고 시행착오를 겪으며 관계 근육을 키워가도록 옆에서 세심한 조언과 지지를 주어야 해요.

친구 관계에 고정된 해법은 없습니다. 아이마다 성향이 다르니까요. 아이의 개별적인 특성에 맞춘 대처법을 찾도록 도와야죠. 예컨대 너무 소극적이고 말이 없는 아이라면 다가갈 용기를 북돋워주고, 외향적이고 적극적이지만 자기 말만 하려고 하는 아이라면 다른 친구 입장도 살피게끔 이끌어주어야 합니다. 아이가 자기중심적으로 행동한다면 "친구는 다를 수 있어. 친구 의견도 물어봐"라고 알려줘야 하고, 반대로 부당한 상황에서 말 한마디 못 하고 참고만 있다면 '적정 수준의 공격성'을 기를 수 있도록 도와야 합니다. 부모가 도움을 주면, 아이는 훨씬 건강한 사회적 경험을 쌓을 수 있습니다. 그리고 그 과정에서 겪는 경험이 너무 큰 상처로 이어지지 않도록 부모가 안전망이 되어주어야 해요.

평범한 엄마로서 아이 친구 관계의 여러 어려움에 고민하며 깨달은 바를 이 책에 담았습니다. 전문가적 해법이라기보다는, 관계에 서툰 한 사람이 여러 시행착오 끝에 찾은 구체적인 실천 팁에 가깝습니다. 약점 뚜렷한 사람이 그 약점 속에서 어떻게 아이에게 좋은 관계를 맺도록 돕고, 사회성을 키워줄 것이냐에 대해 고민한 결과이기도 합니다.

만약 제가 성격이 무던하고 인간관계가 마냥 편안한 사람이었다면 이 책을 쓰지 못했을 거예요. 책을 쓰면서 과거에 겪은 관계 속 어려움이 헛되지 않았음을, 나름의 의미가 있음을 발견할 수 있어 기뻤습니다. 저와 비슷한 어려움을 겪는 부모님들께 작은 위로와 도움이 됐으면 좋겠습니다. 부모의 균형 있고 사려 깊은 도움을 통해 우리 아이들이 좀 더 건강한 친구 관계를 맺을 수 있다면 그보다 더 큰 보람은 없을 것입니다.

윤지영

# 목차

## 1부 ⚸ 아이의 친구 관계 ⚸

### 1장  유연하게 갈등을 풀어갈 줄 아는 아이로

1부
# 아이의 친구 관계

저는 제주도에서 살고 있습니다. 특별히 연고가 있었던 것도 아니었는데, 아이들이 초등학교 1학년, 5학년일 때 일 년 살기로 왔다가 벌써 5년째 머무르고 있어요.

자연이 주는 여유와 조용함에 저는 늘 제주도가 좋았는데요, 아이들은 때마다 달랐습니다.

"엄마, 서울 가고 싶어. 나는 제주도보다 서울이 좋아."

"나 이제 제주도가 서울보다 좋아졌어."

친구 관계가 좋을 땐 "엄마, 나 제주도에서 계속 살래!" 하던 아이가, 갈등이 생기면 "서울로 가고 싶어"라고 하소연했죠. 아이의 마음을 가장 크게 움직이는 건 제주의 환경이 아니라 함께 뛰노는 친구였습니다.

실제로 아이 삶의 행복과 학교생활에 대한 만족도에 친구 관계가 큰 영향을 줍니다. 아이들에게는 친구가 곧 일상의 즐거움이자 스트레스의 원인이 되기도 하죠. 부모 역시 아이가 마음에 맞는 친구와 같은 반이 되어 즐겁게 지내면 한 해가 편하지만, 반대로 갈등이 잦거나 어울릴 친구가 없어 힘들어하면 일 년 내내 마음고생을 합니다.

많은 부모님이 학습 문제보다 친구 관계 문제가 더 어렵다고 이야기합니다. 왜 그럴까요? 공부에는 시험 점수처럼 비교적 명확한 기준이 있어서 무엇이 부족한지 금방 알 수 있습니다. 어떤 식으로 도움을 주어야 할지 방향성을 잡기도 쉬워요. 또 학원이나 과외 등으로 외주를 주는 것도 가능합니다. 하지만 친구 관계는 달라요. 친구 관계를 잘하고 못한다는 기준도 딱히 없고, 문제에도 명확한 해법이 없습니다. 사람이 얽히는 문제다 보니 변수가 많고, 예측이 어렵습니다. 게다가 외주를 주어 맡길 수도 없다 보니 어디 의논할 곳 없이 혼자서 고민해야 하는 경우가 대부분이죠.

그렇다 보니 부모는 불안한 마음에 서둘러 상황을 정리하려고 할 때도 있습니다. "엄마는 네가 그 친구 말고 다른 애랑 놀면 좋겠어"라고 말하거나, 그 친구와 부딪히지 않도록 학원을 빼거나 하는 거죠. 하지만 갈등을 회피하거나 단절하는 방식은 아이에게 좋은 해결책이 아닙니다. 비슷한 일을 겪을 때마다 피하려고만 들 수 있고, 회피하는 방식으로는 적응력이나 대처 능력을 기를 수 없어요.

결국 친구 관계 문제를 잘 풀어가려면, 부모가 정답을 주기보다는 아이가 그때그때 유연하게 대처해보는 경험을 쌓도록 돕는 것이 중요합니다. 부모가 불안을 견디고 조금 더 긴 호흡으로 아이가 다양한 경험을 해보도록 도와주면, 아이는 친구 관계에 대한 스펙트럼이 넓어지고 갈등 해결 능력도 자연스럽게 자라납니다.

이 책의 1부는 바로 이런 유연성을 바탕으로, 실제 아이들 관계에서 생길 수 있는 여러 갈등을 어떻게 풀어갈 수 있는지 구체적인 상황과 함께 살펴봅니다.

1장에서는 왜 대인관계에서 유연성이 필요한지, 유연성이 부족하면 어떤 문제가 생기는지 알아봅니다. 똑같은 말이라도 상대를 배려하며 건네야 하는 이유, 과거의 상처나 미래의 불안에 매몰되지 않고 이 순간에 집중하는 자세에 대해 살펴봅니다. 또 서로의 입장을 오갈 수 있는 공감능력에 대해 다뤄보려고 합니다.

2장에서는 아이들이 실제로 겪는 구체적인 친구 문제

사례를 알아봅니다. 교실에서 인기가 많은 아이의 특징과 아이마다 다른 친구 사귀는 패턴 등을 살펴보겠습니다. 부모로서 어디까지 도와주고, 어느 선부터는 아이 스스로 경험하게 둘지도 알아봅니다.

　책 속 사례를 따라가면서 친구 문제에 대한 저마다의 막연한 불안들이 조금이나마 덜어지면 좋겠습니다.

# 1장

# 유연하게 갈등을
# 풀어갈 줄 아는 아이

# 절교보다 필요한 건,
# 경험과 기회

**[초1의 절교 선언]**

"너랑 절교야."

"너 쟤랑 절교해. 쟤랑 놀면 내 친구 아니야."


**[어른의 인간관계 삼진아웃]**

'저 사람 왜 저래? 처음이니까 봐주자.'

'또 저러네. 내가 두 번은 참는다.'

'세 번째야. 안 되겠다.'

아이들은 잘 지내다가도 조금만 틀어지면 절교 선언을 하고, 다른 친구에게 놀지 말라고 절교를 지시하기도 해요. 어른들도 비슷합니다. 처음에는 참아보고 두 번은 눈감아주지만, 세 번째에는 관계를 끊어버리죠.

　　저 역시 인간관계에서 삼진아웃 식으로 관계를 정리한 적이 있어요. '그래, 안 보면 그만이야. 끝!' 이런 식으로요. 사회초년생일 때는 이게 미숙한 대처 방법인지조차 몰랐어요. 오히려 나는 상대편에게 세 번의 기회를 줬고, 세 번 참았으니 할 만큼 했다고 여겼죠.

　　그렇게 해보니까 그 순간은 속 편했는데요, 이후에 계속 불편함이 남았어요. 제가 편하고자 한 선택인데 결국 제가 가장 힘들어졌죠. 당장 사람과의 불편한 감정을 피하고자 택한 단절의 방식이 오히려 더 큰 불편함을 만든다는 걸 깨달았죠.


'친구' 아니면 '적'이라는 극단에서 벗어나는 마음의 힘

　　절교나 손절로 관계를 끊어버리는 것은 모호함에서 오는 불안 때문입니다. 당장 이 사람이 왜 이러는지 모르

겠고, 어떻게 대해야 할지도 모르겠으니 불안한 거죠. 관계의 불확실함 때문에 불안할 때, 빨리 결론을 내버리면 마음이 잠시는 편해지니까요.

그러나 '친구 아니면 손절' 같은 이분법적 접근은 많은 오류를 낳습니다. 내가 저 사람에 대해 잘 아는 것 같지만, 그렇지 않거든요. 성급히 "나랑 안 맞아!"라고 못 박아버리면, 그 뒤부터는 좋은 면을 알아갈 기회도 없이 멀어져요. '저 사람 뭐야? 왜 저래', '늘 저런 식이야'라고 판단하는 순간부터 더는 가까워지기도, 새롭게 알아가기도 어렵게 됩니다.

그런데 인간관계는 이분법적으로 나눌 수 없습니다. 결론을 당장 내리지 않고 지금은 잘 모르겠으니 좀 더 지내보자는 유연한 태도가 필요합니다.

유연한 태도란 섣불리 단정 짓지 않고 조금 더 두고 보거나 대화를 시도하면서, 사람을 경험으로 이해해가는 태도를 말합니다. 즉, '아직 잘 몰라. 지내보면서 알아가자'라고 여유를 갖고 판단을 유보하는 거죠.

갈등을 직접 겪고 풀어보는 과정이 필요하다

아이들도 관계적 모호함과 불확실함을 곧바로 절교로 해결하려고 하는 일이 많습니다. 이때 부모가 유연한 태도를 구체적으로 알려줄 수 있어요.

"친구 생각도 들어봐. 어떤 의도인 건지 모르는 거니까, 왜 그렇게 말했는지 물어보면 어때?" (갈등 직면)

"나쁜 애가 아니라 너랑 안 맞는 면이 있는 거야. 네가 본 건 전부가 아니라 일부야. 네가 아직 모르는 면도 있어." (분별)

"바로 절교 선언을 하기보다, 네가 뭐가 불편한지 알려주면 어떨까?" (조율)

"꼭 친한 사이로 지내지 않아도 돼. 인사 정도 하는 사이로 지낼 수도 있어." (거리 조절)

이처럼 모호함을 경험으로 채워나가도록 부모가 이끌어주면, 아이는 인간관계를 더 폭넓게 이해하게 됩니다. 갈등을 직접 겪고 풀어보는 과정에서 "아, 이럴 땐 이렇게 말해야 하는구나!", "저 친구한테도 좋은 면이 있었네?" 같은 깨달음을 얻기 마련이죠.

학교에서 아이들을 가르치면서 선입견이 얼마나 위험한지 느낀 순간이 많았습니다. 학기 초 모습과 학기 말 모습이 같은 아이는 없었거든요. 처음엔 다 잘하는 듯 보이던 아이가 나중에 보니 부족한 면이 있고, 반대로 적응을 잘 못한다고 생각했던 아이가 의외의 장점을 보여주기도 했습니다. 잘하는 아이도 잘하기만 하는 게 아니고, 못하는 아이도 못하기만 하는 게 아니었어요. 내 판단이 맞지 않고 겪어봐야만 아는 부분이 참 많더라고요.

한 살 한 살 나이를 먹어가며 사람에 관한 판단을 경계하게 됩니다. 갈등이 생길 때면 나와 안 맞는 면이 있다고 받아들이지, 이 사람 안 되겠다, 나랑 안 맞다로 곧장 판단하지는 않아요. 모르는 거니까요. 내가 알지 못하는 면과 나와 다른 면이 있다는 것을 받아들이며 그럭저럭 잘지낼 수 있는 적정한 거리를 찾으려고 합니다. 내가 모르는 건 비워두고, 빈칸은 겪어가면서 알아가고 채워가는 거죠. 고정하기보다는 비워두는 영역이 많아졌습니다.

전보다 유연성이 생긴 거죠.

## 불편과 불안을 줄이는 가장 좋은 해법

아이들이 "연산 싫어요. 오늘만 안 하면 안 돼요?"라고 조를 때가 있지요. 당장 하루를 빼면 아이도 편하고 부모도 갈등을 피할 수 있습니다. 하지만 장기적으로 봤을 때는 도움이 안 돼요. 해야 할 매일의 공부를 끝내는 경험이 쌓여야 아이가 매번 힘들이지 않고 숙제를 해낼 수 있으니까요. 당장의 편안함을 추구하는 행동과 장기적으로 아이에게 유익이 되는 행동은 서로 다른 셈이지요.

친구 관계도 이와 비슷합니다. 갈등이 생길 때마다 관계를 끊어버리는 건 단기적으로는 편하지만, 장기적으로는 사회적 경험을 쌓는 기회를 잃는 것입니다.

"이 친구, 지금은 좀 불편하지만…… 아직 다 몰라. 시간을 두고 천천히 겪어보자."

갈등을 건너는 과정이 때로 힘겹더라도, 아이는 그 과정을 통해 자기 생각을 표현하고, 상대 이야기를 들어주고, 타협점을 찾는 사회적 기술을 익힐 수 있습니다. 유연성은 바로 그 연습 과정을 가능케 하는 토대입니다.

불편과 불안을 줄이는 가장 좋은 해법은 성급한 판단이 아니라, 모호함을 어느 정도 수용하고 경험을 통해 알아가는 것입니다. 성급히 판단하지 않고 모호함을 견디는 힘이야말로, 아이에게 꼭 필요한 사회적, 정서적 역량입니다.

# 다름을 인정할 때
# 진짜 편안한 관계가
# 시작된다

~≫—

"여보세요."

제가 전화를 하면, 큰애가 이렇게 받습니다.

'분명 엄마라고 뜨는데, 엄마라는 걸 알 텐데 왜 여보세요, 라고 하지?' 처음엔 의아했지요. 저는 낯선 번호일 때만 그렇게 받거든요. 한두 번은 그러려니 하고 넘어갔는데, 매번 반복되니 어느새 신경이 쓰였습니다. '엄마가 남인가?' 싶은 섭섭한 마음이 들었어요. 그래서 딸에게 한번 말해봤어요.

"기쁨아. 엄마인 거 알잖아. 근데 왜 자꾸 '여보세요'

라고 해?"

"응? 그러면 뭐라고 해?"

"엄마는 네 전화 받으면 늘 '기쁨아~' 하잖아. 너도 '엄마~' 해주면 되지."

하지만 다음번에도, 그다음 번에도 여전히 '여보세요'였습니다. 이유는 간단했어요. 자기는 엄마에게만이 아니라 누구한테 전화가 와도 다 '여보세요'라고 한다는 겁니다. 습관이 들어 잘 고쳐지지 않는다고요. 아무런 의도 없이 자동으로 나오는 말인 거죠.

다른 엄마들 얘기를 들어보니, 의외로 많은 아이들이 전화할 때 '여보세요'라고 받는다는 겁니다. 재미있는 건, 아이가 그렇게 말해도 전혀 신경 안 썼다는 분들이 많다는 사실이에요. 어떤 엄마는 "우리 아이는 다짜고짜 '왜?' 하는 걸요"라고 했고, 어떤 분은 "제가 친정엄마 전화를 그렇게 받아요"라며 웃기도 했죠. 다 저처럼 마음 상하는 게 아니더라고요. 사람마다 다 제각각이고 같은 상황을 전혀 다르게 느낄 수 있는 거죠.

누군가에게는 아무것도 아닌 일이, 다른 누군가에게는 신경 쓰이는 일이 될 수 있습니다. 돌이켜보면, 저는 참 그런 일들이 많았어요. 별 의도 없이 던진 상대의 말 한마디에 민감하게 반응해 상처받고는 했습니다. '왜 저러는 거야?' 하고 홀로 해석하고 의미 부여하며 동굴에 들어가 끙끙 앓았죠.

남에게는 큰 기대가 없다 보니 상처받을 일이 많지 않았지만 가족, 특히 남편에게는 유독 민감했어요. 사소한 말투나 행동도 바꿔주기를 바랐죠.

"방금 뭐라고 했어? 그렇게 말하면 내 마음이 어떨 거 같아?"

"어떻게 그럴 수가 있어? 사람이 어쩜 그래?"

"아침에 그 말, 나 기분 나빴어. 그렇게 말하면 안 되는 거 아니야?"

상처 주는 사람은 없는데 매번 상처받는 사람이 저였습니다. 제 기준에서는 정당한 요구였지만, 남편 입장에서는 사사건건 트집 잡히는 느낌이었을 거예요. 결국 남편은 달라지지 않았고, 오히려 제 눈치만 슬슬 살피게 할 뿐이었어요.

## 내 민감함이 누군가를 아프게 할 수 있다

예민한 사람이 상처를 더 잘 받는 거 같아요. 학교 현장에서 봐도 그렇습니다. 똑같은 놀림에도 아이들의 반응이 제각각 달라요. 전혀 신경 안 쓰고 넘기는 아이가 있는가 하면 마음에 담아두고 오래 곱씹는 아이도 있어요.

대개 민감하고 섬세한 아이들이 상처에 취약합니다. 민감한 기질은 친구의 입장을 잘 헤아린다는 장점도 지니고 있어요. 하지만 자꾸 상처를 곱씹고 매번 상대에게 사과를 요구하다 보면 서로 피곤해집니다. 내 기준의 민감함이 친구에게는 '왜 이렇게 과민해? 무슨 말을 못 하겠네'라고 느껴질 수 있죠.

친구에게 악의가 없다면, 친구를 바꾸려 하기보다는 내가 무뎌져야 할 부분도 분명히 있습니다. 나에게 상처를 준 사람을 나쁘다고 여기지만 말고, 때로는 상처를 받는 나의 민감함도 돌아봐야 하는 거죠.

점점 나이를 먹으면서 "상처받았다, 불편하다, 기분

나쁘다"는 말을 하기 전에 한 번 더 생각해보게 돼요. 나한테는 상처고 불편함이지만, 그걸 다 내색하고 바로잡으려고 한다면 나로 인해 다른 사람이 불편해질 테니까요. 내 예민함 또한 누군가를 찌르고 아프게 할 수 있음을 알고 있기 때문입니다.

### 다름을 인정할 때 편안한 관계가 시작된다

가정을 이루고 아이를 키우면서 사람은 정말 모두 다르다는 걸 실감합니다.

'아, 사람들은 다 나 같지 않구나.'

'그랬더라도 나에게 상처를 줄 의도는 없었구나.'

'사람마다 제각각이지. 그럴 수 있지.'

이렇게 다름을 받아들이다 보니 예전처럼 작은 일에 일일이 신경 쓰지 않게 되었어요. 유연하게 생각하려고 마음을 먹으니 그럭저럭 넘어가지는 일들이 늘더라고요. 내 기준으로 생각하면 마음이 상할 일도 굳이 거기에 매달리지 않기로 결심하니 훨씬 편해졌습니다.

바꾸라고 강요하기보다 그냥 받아들이고 흘려보내는

게 낫더라고요. 그게 결국 저를 포함한 모두를 자유롭게 해준다는 사실도 알게 됐고요. 전에는 안 되던 것들을 사회적 경험과 연습으로 터득하면서 조금씩 부드러워지고 너그러워져요. 이것도 하나의 사회화인 거 같아요.

엄마가 전화할 때마다 마음 상한다고 고치라고 하면 딸아이는 엄마의 전화가 얼마나 숨 막히겠어요. 그건 제가 원하는 바가 아닙니다. 저는 아이와 편안한 관계를 만들어가고 싶어요. 고치려고 하지 말고 받아들여야 할 영역이 있는 거죠. 섭섭해하지 말고 딸아이를 바꾸려고 하지 말고 그냥 차이를 받아들이기로 마음먹었죠. 그 뒤로는 딸아이가 '여보세요' 해도 괜찮더라고요. 지금은 아무렇지도 않고요.

다름을 받아들일 때, 진짜 편안한 관계가 시작됩니다. 차이를 받아들이고 조금 무심해지는 것도 필요해요.

'괜찮아, 신경 쓰지 말자.'

'그런가 보다 하자.'

'그냥 넘기자.'

'그럴 수도 있지.'

넘기고 흘려보낼 수 있는 여유, 이것이 심리적 유연성이며 건강한 인간관계를 맺기 위해 꼭 길러야 할 힘입니다.

# 같은 말도
# 예쁘게 하는 아이

꙳

말 한마디로 천 냥 빚을 갚는다는 속담이 있습니다. 초등학교 교사로 일하던 시절, 말 한마디로 호감을 사는 친구도 봤고 반대로 말 한마디로 인심을 잃는 아이도 종종 볼 수 있었습니다. 말로 인심을 잃는 아이도 악의는 없었어요. 그저 마음에 없는 말을 못 하는 거죠. 성격이고 성향이기도 한데, 친구 관계에는 때로 부정적인 영향을 줄 수 있습니다. 앞머리를 짧게 자르고 상심한 친구에게 어떻게 말하면 좋을까요?

**[초4 여자아이 사례]**

"나 앞머리 너무 짧게 잘랐나 봐. 이상하지?"

은별 : "풉. 망했네. 왜 그랬냐? 이거 어쩔 거야. 완전 찐따

같아."

달님 : "좀 짧긴 한데, 괜찮아. 금세 자연스러워질 텐데

뭐."

　

은별이는 털털하고 시원시원한 성격입니다. 뒤끝이 없고 솔직하죠. 그렇다 보니 표현이 거침없어요. 반면 달님이는 같은 상황에서도 말을 조금 더 부드럽게 건네려 애쓰는 아이입니다. 사실 달님이도 친구의 앞머리가 많이 짧다고 생각했을 겁니다. 하지만 친구가 속상할 수 있음을 알기에 생각을 다 드러내기보다 순화해서 말한 거죠.

생각나는 대로 내뱉는 건 나에게는 솔직함이지만 다른 사람에게는 무례한 일이 될 수 있어요. 사회적 관계에서 정제해서 완곡하게 말하는 건, 진실하지 못한 게 아닙니다. 예의이자 배려죠. 이 차이를 아이에게 가르쳐주어

야 합니다.

솔직함과 무례함의 차이

은별이 같은 아이에게는 이렇게 말해주세요.

"솔직한 건 좋아. 그런데 그 말을 들었을 때 친구가 어떤 마음일지를 생각해보는 게 필요해. 거짓말을 하라는 게 아니라 배려를 하라는 거야. 내 감정과 생각을 여과 없이 쏟아내지 말고, 친구를 존중하는 표현을 찾아보는 거야."

한 끗 차이로 말 센스가 갈려요. "내가 이렇게 말하면 듣는 친구 마음은 어떨까?", "상대를 조금 더 편안하게 해줄 표현은 뭘까?"라는 고민이 필요해요.

친구가 이러한 말 센스를 알려주지는 않아요. 그저 '쟤는 왜 말을 저렇게 해?' 마음 상하고, 반복이 되면 마음의 문을 닫고 말죠. 진솔함을 유지하되, 상대를 상처 주지 않을 말투와 단어를 고르는 것도 가르침과 연습이 필요합니다.

예쁘게 말하는 아이는 어디서나 사랑을 받는다

그림을 그리고 있는데 친구가 팔을 친 상황에서 "아, 뭐냐고! 똑바로 보고 다니라고!"라고 쏘아붙이며 화를 터뜨리는 아이가 있는가 하면, "다음부터는 조심해줘"라고 부드럽고 완곡하게 표현하는 아이도 있어요.

유연성이 높은 아이들은 친구의 입장을 헤아리며 말투나 표현을 부드럽게 바꿀 줄 알아요. 마음으로 싫고 불편하다 하더라도 그걸 다 드러내지 않는 것, 상황과 맥락에 따라 말과 행동을 조절하는 유연성은 친구 관계에서 꼭 필요합니다.

무엇을 말하느냐보다 어떻게 말하느냐가 관계를 결정짓기도 합니다. 부드러운 말투와 예의 바른 표현을 쓰는 아이는 자연스럽게 친구들의 호감을 얻고, 교우관계 역시 안정적입니다.

말을 예쁘게 한다는 것은 단순히 언변이 능숙한 것과 다릅니다. 타인을 배려하며 유연성 있게 말투와 어휘를 선택하는 능력이죠. 예쁘게 말하는 아이는 옆에 있으면 편하고 기분 좋아져서 모두에게 함께 있고 싶은 친구로 기억됩니다. 같은 말도 예쁘게 하는 실천은 건강한 친구 관계의 밑거름이 될 것입니다.

마음속 생각을 전부 쏟아내지 않아도 충분히 진실한 소통을 할 수 있습니다. 오히려 적절한 완급 조절이 솔직함을 더 빛나게 해줍니다.

# 후회나 불안보다
## '지금'에 집중하는 연습

때로는 "왜 그때 아이에게 그렇게 했을까?" 하고 지나간 일을 후회하거나, "앞으로 아이를 잘 키울 수 있을까?" 하고 미래를 걱정하며 삽니다. 물론 과거를 돌아보고 미래를 준비하는 게 완전히 필요 없는 일은 아니지요. 하지만 그 둘에 지나치게 매달리면 정작 '지금'을 놓치게 되고, 실제로 얻는 도움도 없습니다. 이미 지나간 일은 돌이킬 수 없고, 아직 오지 않은 미래에 대한 불안은 아무리 생각해봐도 해소되지 않으니까요.

## [전학을 앞둔 엄마의 고민]

초등학교 4학년 딸아이가 일 년 내내 친구 문제로 힘들어했습니다. 사소한 무시와 따돌림, 은근한 배제로 아이는 점점 자신감을 잃었고, 결국 가족이 이사를 결정하게 되었지요.

"엄마, 거기서는 괜찮을까?"

"그냥 여기 있는 게 나을지도 몰라. 여기는 그래도 아는 애들이 있는데, 거기는 아는 애가 한 명도 없잖아."

전학을 앞두고 마음이 후련할 줄 알았는데, 아이가 뜻밖에도 새 학교가 더 무서울 것 같다며 잔뜩 불안해하니 부모 입장에서 매우 난처합니다.

사실 저도 불안하긴 마찬가지입니다. '새 학교에서는 정말 잘 지낼 수 있을까? 또 똑같은 상황이 벌어지면 어떡하지?'라는 생각이 스치면 마음 한구석이 자꾸 무거워져요. 그럴 때마다 애써 밝은 목소리로 "걱정하지 마, 좋은 친구들을 만날 거야"라고 말해봐도, 아이의 걱정은 쉽게 사그라지지 않습니다. 어떻게 도와줘야 할까요?

사실 아이가 불안해하는 건 당연한 일입니다. 지난 일
년 동안 친구에게 받은 상처가 크니, 새 학교에서도 똑같
으면 어쩌지 싶은 두려움이 들죠. 힘든 경험이 있으면 자
꾸 비슷한 일이 생길까 봐 걱정이 올라옵니다. 하지만 아
이의 불안이 커지면, "나는 또 친구를 못 사귈 거야"라는
생각이 사실처럼 굳어져 버릴 수 있습니다. 과거 경험에
융합되어 있으면 달라진 지금의 상황을 받아들이지 못하
고 이번에도 비슷할 거라고 믿어버려요. 아직 아무 일도
일어나지 않았는데, "난 또 친구를 못 사귈 거야"라고 결
론을 내려버리면 전학 후에 적극적으로 다가갈 기회를
잃게 될 수 있죠.

　　부모로서 해야 할 일은, 이 불안을 아예 없애는 것이
아니라 그럴 수 있다고 수용해주고, 걱정하는 상황이 실
제로 벌어진 일은 아니라는 점을 구분해주는 겁니다.


### 아이가 느끼는 불안의 정상성 인정하기
　　표현하든 하지 않든 아이가 불안한 것은 당연합니다.
인정의 말로 공감해주세요.

"일 년 동안 힘들었으니, 전학 앞두고 걱정되는 게 당연해."

"엄마도 낯선 곳에 간다면 비슷하게 불안했을 거야."

"네가 이상한 게 아니야."

아이는 자기 감정이 이상하거나 잘못된 게 아님을 알 때 큰 안도감을 느낍니다.

감정과 사실, 과거와 현재 구분하기

'여기서도 친구들이 나를 싫어할 거야'라는 두려움에 사로잡히면, 아직 만나보지도 않은 친구에게 겁을 먹고 인사를 건네는 일조차 포기하게 됩니다. 걱정 자체는 이해하되, 그게 확실히 결정된 사실은 아니며 여러 가능성이 있다는 점을 일깨워주면, 아이도 "그래, 모르는 거야. 일단 해보자"하고 조금씩 마음을 열 수 있습니다. 다음과 같이 말해주세요.

"그럴 수 있어. 하지만 친구를 못 사귈 것 같다는 건 네 마음 속 예상이지, 아직 실제로 일어난 일은 아니야. 어떻게 될지

는 모르는 거야.” (감정과 사실 구분)

“이전에 너를 힘들게 했던 친구들이 있는데, 그건 이미 지나간 일이야. 과거는 바꿀 수 없지만 미래는 네가 만들어갈 수 있어. 지금은 환경이 다 바뀌었고, 앞으로는 네가 어떻게 하느냐에 따라서 달라져. 앞으로 어떤 친구를 만나면 좋겠어? 어떤 친구 관계를 만들어가고 싶어? 그렇게 하기 위해 어떤 시도를 해볼 수 있을까?” (과거와 현재 구분)

과거에 몹시 후회되는 일을 떠올리는 데는 1초도 안 걸리고, 미래의 불안에 휩싸이는 것도 순식간입니다. 하지만 그 생각들은 지금 우리에게 도움 되지 않는 경우가 대부분이지요. 바뀌지 않을 과거나, 아직 오지 않은 미래에만 골몰하면 진짜 중요한 현재의 기회를 놓칩니다.

그런데 몸은 달라요. 생각처럼 과거나 미래로 날아갈 수 없습니다. 몸은 언제나 이 순간, 이 자리에 있습니다. 직접 몸을 움직여 경험해보는 것, 인사를 건네고, 새로운 관계를 시도해보는 것이야말로 관계의 상처에서 벗어날 수 있는 가장 확실한 길입니다. 누군가에게 받은 상처 때문에 사람 만나길 두려워한다면, 오히려 지금 여기에 있는 친구에게 한 걸음 다가가 보는 체험이 꼭 필요해요.

"그때는 뭘 그렇게 걱정했을까? 다 헛일이었네" 하는 경험, 누구나 있지요. 그만큼 우리의 걱정과 불안은 과장된 경우가 많습니다. 실제로 부딪혀보면 별일 아닌 상황도 많고, 그렇게 경험해보면 다음에 비슷한 상황이 왔을 때 한결 여유가 생깁니다.

결국 부모가 지금 여기에서 기꺼이 경험하도록 아이를 단단히 지지해준다면, 아이는 과거와 미래라는 상상 속에서 길을 잃지 않고 한 걸음씩 앞으로 나아갈 힘을 얻을 것입니다.

# 부모부터
# 배워야 하는 '공감'

학교 보건실에서 전화가 왔어요. 사정은 이러했습니다.

"지구가 오전에 코피가 나서 보건실에 왔는데, 방과 후에 또 코피가 났어요. 완전히 멈추고 20분쯤 지나서 가라고 했더니, 지구가 '우리 엄마가 기다릴 거예요. 전화 좀 해주세요'라고 하더라고요."

정말 감동이었습니다. 엄마가 걱정할 것이라고 마음을 헤아려준 것만으로 고마운데, 엄마가 걱정하지 않도록 선생님께 부탁까지 해주었으니 말이지요.

그런데 기억을 거슬러 올라가 보면, 초등학교 1학년

시절의 아들은 제가 기다리고 있어도 전혀 미안한 줄 몰랐습니다. 차로 픽드랍을 해야 하는 학교라서 매일 같이 교문 앞에서 아이를 기다렸습니다. 하교 시간이면 아이들이 엄마 손을 잡고 썰물처럼 빠져나가는데 우리 아들 녀석만 도통 나오지를 않았어요. 그때는 코로나로 학교 출입이 제한된 시기라 저는 교문 앞에서 발만 동동거렸습니다. 어떤 날은 30분, 어떤 날은 그 이상의 시간이 지나서야 아들은 천천히 나타났어요. 알림장을 늦게 써서, 친구랑 놀다가, 이유는 다양했습니다. 그러나 어떤 이유이든 엄마를 기다리게 한 것에 대한 미안함은 없어 보였습니다. 저는 그게 괘씸했고, 서운했습니다. '어쩜 이렇게 공감을 못 하나' 하는 마음이었죠.

그다음 해부터는 운동장까지 들어가는 게 허용됐고 저는 운동장 놀이터에서 아들을 기다렸습니다. 학교 교문 앞보다 아이가 뭘 하고 있는지 놀이터에서 지켜볼 수 있어 한결 마음이 편했습니다. 앉을 만한 벤치나 의자도 없는 학교 놀이터에서 아이를 기다리는 건 지루했지만, 집에 가도 어차피 놀고 싶다고 볶을 게 분명하니 실컷 놀고 가는 쪽이 여러모로 나았어요.

그렇게 놀이터 죽순이 엄마로 지내던 어느 날 지금도 잊을 수 없는 순간이 찾아왔습니다. 그날도 학교 수업을 마친 아들은 곧장 놀이터로 뛰어갔는데, 그날따라 유독 놀이터에 아이들이 많았습니다. 왁자지껄 시끌시끌하던 놀이터에서 아이들이 한 명 두 명 돌아갔어요. 방과후 수업을 하러, 혹은 집으로. 시끌벅적하던 놀이터가 점차 조용해졌고, 나중에는 우리 아들만 혼자 남았습니다. 다 돌아가고 더 이상 놀 사람이 없자 아들이 저에게 와서 말했죠.

"엄마! 인제 가자!"

많이 못 놀았다는 아쉬움도, 더 놀고 싶다는 요구도 없는 밝은 얼굴이었어요.

순간 어린이집에서 엄마를 기다리던 아이의 얼굴이 떠올랐습니다. 어릴 적 어린이집에서 혼자 남아있던 얼굴은 오늘처럼 밝지 않았어요. 퇴근 후 만났던 지구의 표정은 오늘처럼 환하지 않았습니다. 입술을 삐죽이며, "왜 이렇게 늦게 와?"라고 했는데 그때마다 저는 "엄마 일하잖아. 빨리 온 거야"라는 말을 돌려줬습니다. 표정도 살피지 않고, 가방과 겉옷을 챙겨 서둘러 집으로 갔어요. '내가 얼마나 바쁘게 사는데, 이 정도면 빠른 거야. 나는 최선을 다하고 있어'라고 생각했죠.

엄마의 기준과 입장에만 있느라 아이 마음에 잠시도 머물지 못했습니다. 아들은 그게 서운했을 거예요.

걸음마를 떼서부터 어린이집에 보냈으니, 엄마를 기다린 세월이 짧지 않아요. 제가 교문 앞에서, 놀이터에서 아이를 기다린 것보다 훨씬 더 긴 시간, 아이는 엄마를 기다렸습니다. 공감 능력이 없는 건 아들이 아니라 엄마였던 거죠.

저는 이날 일곱 살 지구, 여섯 살 지구…… 세 살 지구의 마음이 될 수 있었습니다. 시공을 초월해 아이와 연결된 특별한 경험이었죠. 제 인생의 위대한 순간을 꼽으라면 저는 이날을 꼽을 거예요.


저는 이날 공감을 재정의하게 됐습니다. 공감은 그 사람의 입장에 서는 것입니다. 내가 옳다고 믿는 바가 아닌 그 사람의 입장이 되고 그 사람의 마음이 되는 것입니다.

내가 옳다고 믿는 기준으로 아이를 판단한 날이 얼마나 많았는지, 내 입장에 서느라 아이와 연결이 끊어진 순간들이 얼마나 많았나 돌이켜봅니다.

큰맘 먹고 친구들을 집에 초대한 날 아이가 혼자 떨어져 공룡놀이를 할 때 "혼자 놀 거면 친구는 왜 불렀어? 이럴 거면 이제 친구 안 불러"라고 으름장을 놓은 것. 친구랑 놀다 울고 들어올 때 "그러게 왜 걔랑 놀아? 걔랑 너는 안 맞는다니까"라고 판단한 것. 다 제 기준과 생각에 매여 아이의 마음을 만나지 못했던 날들입니다.

그때로 돌아갈 수 있다면 제 생각이 아니라 아이의 입장이 되어보고 싶습니다. 제가 옳다고 믿는 바를 주입하지 않고 아이의 생각을 궁금해할 것 같아요. 자꾸 부딪히는데도 계속 노는 친구가 있다면 그 친구의 어떤 점이 좋은지를 먼저 물어보고 싶습니다. "왜 이렇게 늦게 왔어?"라고 삐죽이면, 먼저 아이 손을 잡고 눈을 마주치며 "많이 기다렸지? 미안해" 하고 말해주고 싶어요.

이제는 나와 아이의 입장을 오갈 수 있는 여유, 그래서 아이가 정말 원하는 게 뭘지 들여다보는 유연성이 생겼습니다. 느림보 아들을 불평 없이 기다려줄 수 있어요.

　　하지만 이제 아들이 엄마를 기다리게 두질 않습니다. 코피가 나도 자신을 기다릴 엄마를 생각해 학교 보건실에 전화를 부탁합니다. 아이가 엄마의 입장이 되어 엄마 마음을 헤아려주는 걸 보면 정말 뭉클해요. 엄마로부터 받은 공감과 이해와 사랑을 아이는 엄마에게 그대로 돌려줍니다. 주기만 하는 사랑, 주기만 하는 공감은 없는 것 같아요. 사랑도 공감도 부메랑처럼 돌아옵니다.

　　공감도 유연성 위에 자라납니다. 내가 옳다고 믿는 기준과 방식을 고집하면, 아이가 어떤 상황을 겪고 무엇을 느꼈는지를 헤아릴 수 없습니다. 엄마와 아이가 서로의 입장을 오갈 수 있을 때, 둘 사이에는 자연스러운 이해와 연결이 생기고 공감도 한층 깊어집니다. 공감이 무엇인지, 어떻게 하는지 아이를 키우며 배워갑니다.

# 유연함에도
# 기준이 필요하다

﹅

유연성이란, 내 기준에 머물지 않고 다른 사람의 상황과 차이를 함께 수용하는 마음의 힘입니다. 유연성이 커질수록 이해의 폭이 넓어져요. "뭐야, 왜 저래?"라고 판단하지 않고 "저런 면이 있네"라고 받아들이게 되죠. 사람과 부대끼면서 불편한 영역이 줄고 그럭저럭 괜찮은 영역이 늘어납니다. 유연성이 키워지면 친구 관계에서 절교나 손절 같은 극단적 선택을 쉽게 하지 않습니다. 조금 불편해도 "그냥 지켜보자", "아직 다 모르잖아"라며 모호함을 견디고 경험해갈 수 있기 때문입니다.

그런데 가끔은 예외적으로 정말 끊어야 할 사람도 있어요. 이중적이고 위선적이거나, 반복적으로 악의를 드러내는 친구라면 개선을 기대하기 어렵죠. 폭력이나 악의적 괴롭힘처럼 심각성이 큰 상황이라면, 굳이 참으면서 관계를 이어갈 필요가 없습니다. 경우에 따라서는 아이에게 자신을 지키기 위해 단절을 택해도 된다는 선택지를 알려주는 것이 도움이 될 수 있습니다.

관계를 이어가려는 노력이 무의미해지는 예외 상황

실제 학교폭력대책심의위원회(학폭위)를 예로 들면, 심각성, 고의성, 지속성, 반성과 화해 정도에 따라 조치를 결정합니다. 일상적인 친구 관계 분쟁도 이 기준을 어느 정도 참고할 수 있어요.

**심각성**

가해행위의 종류, 방법, 결과에 따라 심각성을 따져봅니다. 흔히 쓰는 가벼운 비속어와 입에 담기 힘들 정도로 거친 욕설은 구분할 필요가 있듯, 폭력도 장난 수준과 상해를 입힐 정도의 수준은 다릅니다. 그냥 넘길 수 있는 수준이 있고, 그렇지 않은 수준이 있어요. 심각한 폭력을 행사한다면 같은 일이 다시 일어나지 않도록 부모가 적극 개입해 아이를 보호해야 합니다.

### 고의성

의도적으로 누군가를 배제하고, 힘이 약한 친구를 부하처럼 부리는 등, 상대방을 노골적으로 무시하는 태도는 갈등 수습의 여지가 크지 않습니다. 단순 오해가 아니라, 반복되는 악의가 확인된다면 회복이 어려워요. 악의적인 괴롭힘에는 관계 회복을 위한 노력보다 거리를 두는 것이 낫습니다.

### 지속성

가벼운 실수나 일회성 다툼은 "서로 이야기를 나누고 사과한 뒤, 다시 잘 지내자"가 가능할 수 있습니다. 하지만 같은 무례함이 반복되고, "싫다"고 표현해도 달라지지 않으며, 심지어 "왜 그렇게 예민해?"라며 책임을 전가한다면, 개선 노력보다 거리를 두는 편이 낫겠죠.

### 반성 정도와 화해 정도

심각하고 고의적이며 지속적인 괴롭힘이라 해도, 가해 학생이 진심으로 반성하고 피해 학생에게 사과하여 화해가 이뤄지면 상황이 달라집니다. 실제 학교폭력 조치에서도 이를 감안해 징계를 경감하기도 하죠. 일상적인 다툼 역시 마찬가지입니다. 상대 친구가 진심 어린 사과를 건네면, 대부분의 아이들은 금세 마음을 풀고 다시 잘 지냅니다.

### 관계를 끊는 선택도 유연성의 일부다

아이들은 자주 다투지만, 대체로 화해하고 다시 친해지기 마련입니다. 그러나 심각한 폭력이나 악의적인 반복 괴롭힘, 그리고 가해 측에서 반성이 전혀 없는 경우라면, 관계를 억지로 이어가려 애쓰는 게 무의미합니다. 오히려 단절이 자기 보호의 길일 수 있죠. 이런 결단도 넓은 의미에서 유연성에 포함됩니다.

부모는 아이에게 '용서해라, 그냥 넘겨라, 참아라'만을 가르치기보다, 멀리해야 할 사람도 있다는 사실을 알려줄 필요가 있습니다.

　　인간관계에 정답은 없습니다. 모두가 다른 방식으로 갈등을 풀고, 사람을 대하며 살아가지요. 그러니 때로는 좀 더 지켜보는 유연함이, 또 때로는 과감히 쳐내는 결단이 필요합니다. 아이가 다양한 갈등 속에서 언제 유연해야 하고 언제 끊어내야 하는지 판단하는 힘을 기르도록 돕는 게, 부모의 중요한 역할입니다. 너무 이른 손절도, 무한한 감내도 정답은 아니니까요. 아이가 자기 마음을 지키면서도 사람들을 폭넓게 이해할 수 있는 눈을 갖추도록, 부모가 든든한 안내자가 되어준다면 아이는 더욱 건강한 관계를 맺을 수 있을 것입니다.

# 엄마들 사이에서 느끼는
# 소외감 대처법

딸아이가 초등학생일 때 친구의 생일파티에 초대받지 못해 상심한 적이 있어요. 그때가 코로나 시기다 보니 소수 정예로 생일파티를 하는 분위기였고, 그런 상황을 이해는 했지만, 그 안에 자신이 끼지 못한 것에 딸아이는 소외감을 느꼈죠. 어디 아이들뿐인가요? 관계 가운데 소외된 기분은 성인이 돼서도 느낍니다.

**[유치원 삼총사 엄마의 고민]**

딸이 유치원에서 삼총사라고 불리는 친구들이 있어요. 같은 단지에 살아서 친구 엄마들끼리도 친해졌어요. 하원 후 키즈카페도 데려가고 서로의 집에서 놀기도 하고요.

셋이 친한데, 저 빼고 둘이 만나는 걸 동네 커피숍, 마트, 커뮤니티에서 종종 보네요. 내색은 안 하지만, 씁쓸하네요. 물론 자기들 둘이 만날 수 있죠. 그런데 괜히 머쓱하고 왠지 모를 소외감이 들어요.

## [초1 엄마 모임에서 소외감 느끼는 엄마의 고민]

친하게 지내는 아이 친구 엄마들이 있어요. 초등학교 1학년인 아이들 하굣길에 만나서 친해졌어요. 종종 아이들은 놀이터에서 놀게 하고, 엄마들끼리 교육 정보도 나누고 사는 이야기도 나누는 사이예요. 가끔 브런치 모임도 가지면서 잘 지내왔어요.

어느 날 놀이터에 아무도 안 나왔길래 모임을 주도하는 언니에게 전화해서 "오늘 놀이터 안 오세요?"라고 했더니, "어, 오늘 다른 일이 있어서, 주말 잘 보내!"라고 했어요. 그런데 알고 보니 놀이터에서 늘 만나던 친구들이 그 집에서 논 거였더라고요.

"엄마, 어제 애들이 햇님이네 집에서 놀았대. 나도 햇님이
네 집에 가고 싶다."
평소 셋이 잘 어울려 놀았는데 저 빼고 둘만 그 집에서 놀
았다는 거에 진심 마음 상하네요. 놀이터에 안 오시냐고
전화했을 때, 저에게도 놀러 오라고 해줄 수 있는 거 아닌
가요? 저와 제 아이까지 왕따당한 거 같아 속상해요.

동네 엄마들, 어린이집·유치원·초등학교 엄마들과 친
해졌지만, 어느 순간 나만 빠지고 둘이, 혹은 몇 명만 만
나고 있다는 사실을 알게 되면 서운하고 섭섭한 마음이
드는 게 당연해요. 내가 마음을 많이 준 관계라면 섭섭함
이 더 크게 다가옵니다.

다자관계에서 균형 잡기
저도 비슷한 경험이 있어요. 아이를 통해 알게 된 분
들과 골프 연습장에 등록을 했어요. 같이 운동하고 식사
도 하면서 친분을 쌓았는데요. 저는 골프에 재미를 영 못
붙여서 몇 달 하다 중도에 그만뒀거든요. 다른 분들은 꾸

준히 했고요. 따로 약속을 잡아 한 번씩 만남을 가졌어요. 오랜만에 뵈면 반가웠지만, 제가 모르는 이야기들이 오가니 그 사이에서 소외감이 들더라고요. 시간이 가면서 만남의 횟수가 줄었고, 뭔가 애매한 느낌이 커져서 단톡방에서도 나왔죠. 자연스럽게 멀어졌지만 그게 저한테 딱히 아쉬움으로 남지는 않았어요. 오히려 단톡에서 나오면서는 속이 후련했죠.

그런데 또 다른 모임에서는 그렇지 않았어요. 제가 제주도로 이사를 오면서, 친하게 지내던 두 분 선생님과 자주 못 만나게 됐어요. 두 분 선생님은 인근 학교에 근무하면서 쭉 교류하셨고요. 제가 서울 갈 때 셋이 만나면 무척 반갑고 좋았지만, 뭔지 모를 불편함과 어쩐지 모를 섭섭함이 있는 거예요. '아무도 나를 섭섭하게 한 게 없는데, 잘 만나고 와서 나는 도대체 왜 섭섭하고 불편한 거지?' 이상했어요. 곰곰이 들여다보니 내가 관계의 중심이 되고 싶어 하는 마음이 있더라고요. 누가 나를 섭섭하게 한 게 아니라, 내가 중심에서 멀어진 느낌에 서운했던 거죠. 이건 욕심이고 자기중심성입니다. 나이 사십이 넘었음에도, 여고생마냥 관계에서 중심이 되려는 마음이 제게 있더라고요. 그걸 알아차리고부터는 내려놓으려는 의식적인 노력을 했어요. 그렇게 하니 불편감이 줄었고, 소중한 두 분과 계속 좋은 관계를 이어갈 수 있었죠.

모든 사람과 똑같이 친해질 수는 없어요. 다자관계에서 친밀함의 균형이 맞춰진다는 건 어려운 일입니다. 내가 포기해야 하는 부분도 있어요. 또 서로 코드가 맞는 사람이라면 자연스레 더 가까워지죠. 아무리 같은 단지에 살고, 같은 유치원에 다녀도, 유독 잘 맞는 두 사람이 먼저 가까워질 수 있는 것 같아요. 둘이 만나는 걸 소외감으로 받아들이면 내 마음만 더 힘들어집니다.

내 욕심은 아닌지 들여다보기
'내가 중심이어야 해. 나를 중심으로 만나야 해.'
'저 사람들끼리 아는 건 나도 다 알아야 해.'
'나랑 더 친하면 좋겠어.'
다른 사람이 중심이고 내가 주변인이 되는 관계나 대

화 속에서 느끼는 불편함은 아닌지 들여다보아야 합니다. 내가 중심이 되고자 하는 무의식적 욕심이라면 내가 다스려야죠. '그럴 수도 있지' 하며 넘기면 마음이 편해져요. 내려놓은 만큼 소외감의 무게도 줄어듭니다.

### 유연하게 넘기기

'두 분끼리 잘 맞나 보네.'

'저 언니들끼리 취향이 더 비슷한가 보다.'

'같이 운동을 하니까 더 친할 수밖에 없지. 그게 당연해.'

상황을 그대로 받아들이는 유연함이 필요합니다. 너무 연연해하지 않고, 긍정의 여지를 남겨두면 관계를 회복하거나 유지하기 수월해져요.

### 의도적 따돌림이라면, 과감히 거리를 두기

왕따 된 기분을 느끼는 것과 실제 왕따를 당한 것은 달라요. 만약 상대방이 매번 나를 빼놓고 모임을 만들고, 심지어 내 아이까지 따돌리는 식이라면 이는 고의적인 배제죠.

그런 경우라면 억지로 애쓰지 않아도 됩니다. 존중이 없는 관계라면 굳이 붙잡고 힘들어할 필요 없어요. 진짜 의도적 배제라면 떨어져 나오는 용기도 필요합니다. 나에게 맞고 나를 존중해주고 편하게 해주는 관계에 에너지를 쓰는 게 현명합니다.


부모가 받는 관계 스트레스는 아이에게도 전염됩니다. 내 마음을 평온히 다스리고, 불필요한 상처는 흘려보내는 연습이 필요합니다. 진심으로 서로를 아끼는 관계라면 자연스럽게 이어질 것이고, 존중이 없는 관계라면 인위적으로 유지하려 애쓸 필요 없습니다.

나에게 맞는 사람은 분명히 있어요. 지금 이 사람이 아닐 뿐이죠.

# 2장

# 우리 아이,
# 친구들 사이에서 어떤 모습일까

# 교실 속 인기 많은
# 아이들의 공통점

학교에서 아이들을 관찰하다 보면, 늘 친구들에게 둘러싸여 있는 '인싸' 아이들이 있는가 하면, 그 반대편 '아싸' 그룹도 있습니다. 그리고 이런 소수의 아이와 무난하게 지내는 평범한 다수의 아이가 있죠.

**인싸(Insider): 학급 내 주류 학생**

- 학급에서 10~15% 정도.
- 눈치가 빠르고 언변이 좋으며, 세련된 매너와 활발한 대인관계 기술을 갖춤.

- 트렌드·유행에 민감해 SNS 팔로워도 꽤 있는 편.

- 학급 행사를 주도하거나 다양한 친구와 폭넓게 교류.


**아싸(Outsider): 비주류·교류가 적은 학생**

- 학급에서 약 10~15% 정도.

- 내향적이고 조용하고 말수 적음. 사회적 기술(눈치,
대화스킬)이 서툰 경우가 많음.

- 유행에 별 관심 없음. (예: 유행하는 아이돌 이름도 잘 모르
고 궁금해하지도 않음)

- 자기 세계가 강함.

- 동기에 따라 자발적 아싸, 비자발적 아싸, 관종으로
구분됨.


**어디에도 속하지 않은 보통 아이들**

- 대략 60~70%의 다수의 아이.

- 몇 명의 친한 친구와 편안하게 지내는 무난한 범주.

- 갈등이 크게 표면화되지 않고, 특별히 두드러지지
도 않음.

‒ 그럭저럭 적응 잘하고 무난하게 튀지 않는 아이.

모든 아이가 중심에 서는 걸 좋아하는 건 아닙니다. 인싸 기질이 있는 아이가 있는가 하면, 소수의 친구와 조용한 유대를 선호하는 아이도 있지요. 게다가 '인싸＝인기'가 반드시 성립하는 것도 아닙니다. 겉으로 보기엔 주도적이고 주변에 사람이 많이 모이는 아이라도, 정작 친구들에게 비호감인 아이가 있어요. "쟤 별로. 너무 나대서 싫어."

반대로 조용한데 친구들이 다 좋아하는 아이도 있습니다. 말수도 적고 점심시간에도 조용히 책을 읽는데, 반장 선거에 나오면 몰표를 받아 당선되죠. 또 운동을 잘하거나 얼굴이 예쁜 아이도 인기가 많아요. 아이들 사이에서 인기 많은 친구 유형은 크게 두 가지로 나눌 수 있습니다.

# 인기의 두 종류

## 친절형 인기

친절하고 다정다감해서 친구들의 폭넓은 호감을 얻는 친구입니다. 누구나 짝이 되고 싶어 하는 아이, 같은 모둠이 되고 싶어 하는 아이죠.

친구의 말을 잘 들어주고 도와줄 줄 압니다. 작은 일에도 고맙다고 하고 사소한 일에도 미안하다고 말하는 친구죠. 친구가 물건을 떨어뜨렸을 때 자발적으로 주워주는 행동력부터 "괜찮아?" 한마디 건네는 다정함이 있습니다. 같은 말이라도 직선적으로 하기보다 듣는 사람 입장을 헤아려 기분 상하지 않게 말할 줄 알아요. 또 차별적이지 않아요. 친한 친구에게만 잘해주는 게 아니라 누구에게나 똑같이 친절하고 다정해요. 이러한 태도는 또래 집단 내 호감도 상승에 가장 큰 영향을 줘요.

나서지 않고 조용히 지내는데도, 인기 많은 친구들이 바로 친절형 인기 유형이죠.

## 매력형 인기

매력이 있는 아이도 인기가 많아요. 사람을 끄는 매력이 있으면 첫인상에서 친구를 사로잡아요. 친해지고 싶어서 다가오는 친구들이 많죠.

매력의 요소는 다양합니다. 유머감각이나 재치가 있어서 웃음을 주는 아이, 혹은 잘 웃고 밝은 에너지를 가지고 있어서 함께 있으면 즐거워지는 아이죠. 또 그림을 잘 그린다든지, 운동을 잘한다든지, 혹은 외모가 출중한 것처럼 특정 분야에 두각을 보이는 경우 친구들의 선망의 대상이 됩니다. 매력형 인기는 일종의 유명세입니다. 그 친구 이름을 학년에서 다 아는 식이죠.

하지만 매력만으로는 인기가 오래 지속되지 않아요. 성격이 거칠거나 배려심이 부족한 경우는 매력이 있다 하더라도 친구들이 떠나요. 친절함이 뒷받침돼야 친구들이 그 매력을 더 오래 좋아해주지요. 오래가는 인기를 좌우하는 가장 중요한 조건은 결국 '친절'입니다.

또 매력형 인기는 일정 부분 타고납니다. 아이가 무언가를 탁월하게 잘한다는 건 노력한 부분도 있지만, 타고난 게 커요. 외모도 재능도 타고나는 게 큽니다.

예쁘다고 해주고, 나를 좋아해주고, 나에게 찬사를 보내는 누군가가 있다는 건 참 감사한 일이에요. 만약 아이가 타고난 매력이 있어서 그걸 친구들이 좋아해준다면, 당연한 게 아니라 늘 고마워해야 하는 것임을 알려주어야 합니다. 자신을 좋아하고 인정해주는 친구들에게 고마워하고, 겸손한 자세로 자신 역시 다른 사람에게 잘해야 함도 가르치는 게 필요해요.

초등 시기에는 악기나 운동처럼 특기가 하나쯤 있어야 한다는 말이 있죠. 뭐 하나 잘하는 게 있으면 아이의 자신감과 사회성에 도움이 되는 건 사실입니다. 친구들이 "와, 너 정말 잘한다!"라고 호감을 보이고 아이도 어깨가 으쓱해지죠. 이렇다 보니 아이가 무엇 하나 뚜렷하게 잘하는 게 없으면 부모는 고민이 됩니다. 뭐라도 시켜야 하나 싶죠.

그런데 아이의 사회성을 키워주는 가장 빠른 방법은 친절을 가르치는 것입니다. 진정한 인기는 친절을 바탕으로 형성된 호감도예요. 친절한데 매력까지 있으면 핵인싸, 인기쟁이가 되는 거고요. 반면 크게 돋보이는 재능이나 매력이 없다 하더라도 친구들에게 친절하다면 주변에서 안 좋아할 수가 없어요.

그러면 친절은 어떻게 가르쳐줄 수 있을까요? 친절은 지식이나 정보가 아니라 '태도'입니다. 말로만 "친절해야 해!"하고 주입한다고 해서 쉽게 되지 않아요. 부모가 일상에서 직접 보여주고 실천해주어야 아이가 자연스레 따라 합니다. 친절은 친절로 가르칠 수 있어요. 부모가 하는 말과 행동에 친절이 배어있다면 아이는 그대로 보고 배웁니다. 부모가 좀 더 친절한 사람이 되는 것이야말로 아이의 사회성을 키우는 지름길입니다.

단짝도,
무리도 없는 아이,
괜찮을까?

초등학교 1학년 하교 시간이 되면, 조용하던 교문 앞이 갑자기 북적입니다. 엄마들은 아이가 어떤 표정으로, 누구와 함께 걸어오는지 눈여겨보지요. 여러 친구와 깔깔 웃으며 나오면 마음이 놓이고, 혼자 조용히 나오는 모습을 보면 괜히 마음이 쓰입니다.

그런데 실은 아이가 알림장을 가장 먼저 써서 혼자 나오거나, 우연히 타이밍이 맞아 다른 아이와 함께 나오는 것일 수도 있어요. 그럼에도 혼자 있는 아이 모습을 보면 "우리 아이, 혹시 친구가 없는 건 아닐까?" 하며 걱정이 되는 게 부모 마음이지요.

### [초5 내성적인 아이 엄마의 고민]

초등 5학년이 되도록 단짝이라고 할 만한 친한 친구가 없어요. 팀을 짜서 축구를 몇 년 시켰지만, 아이가 운동에 흥미가 없네요. 동네 엄마들을 사귀어서 친구를 집으로 초대하고, 생일파티도 거창하게 해주는 등 노력을 했지만, 늘 그때뿐이고 친구 관계로 이어지지 않아요.

그렇다고 친구를 싫어하는 건 아닌데, 친구들한테 관심이 없어요. 혼자 책을 읽거나 조립하는 걸 좋아합니다. 유치원 때는 레고였고, 지금은 과학상자 조립에 빠져있어요. 여느 초등학생처럼 친구들 사이에서 활발하게 어울리지 않는 아들이 걱정스럽습니다.

사실 이런 고민을 하는 부모님들이 의외로 많습니다. 아이가 혼자 노는 모습을 보면 어쩐지 마음이 안 놓이고, 불안도 커집니다. 그런데 결론부터 말하자면, 그게 꼭 문제는 아닐 수 있다는 겁니다.

## 자기 세계가 강한 아이, 친구가 적을 수 있다

저마다 고유한 자기 세계를 가지고 있습니다. 자기 세계가 강한 아이는 친구 무리에 휩쓸려 다니기보다, 자신의 세계에서 즐거움을 얻습니다. 혼자 만화를 그리거나 과학책을 읽으며 상상의 나래를 펼칠 때 행복해하죠. 친구들이 놀자고 해도 그다지 흥미를 못 느끼고 오히려 혼자 있고 싶어 하죠. 그러다 보니 자기 세계가 강한 아이는 친구가 적을 수 있죠.

자기만의 세계가 뚜렷하다는 건 오히려 장점일 수 있습니다. 수잔 케인의 《콰이어트》에서도, 혼자 있는 시간에 깊이 몰두하는 사람이 창의적인 아이디어나 독자적인 시야를 발전시키는 예가 많다고 했습니다. 일론 머스크나 스티브 잡스도 어릴 땐 내성적이거나 반항적이어서, 학교생활에선 아웃사이더처럼 보였지만 결국 독자적 혁신을 이루었죠. 여러 사람과의 상호작용이 아닌 혼자서 시간을 보내는 성향이 오히려 독보적 성취를 이끄는 경우가 드물지 않습니다.

자기 세계가 뚜렷한 아이들은 외부에 에너지를 쓰는

대신, 자신이 좋아하는 분야에 몰두해요. 예를 들어, 과학 상자, 코딩, 레고, 그림 등 특정 분야에 빠지면 깊고 독창적인 결과물을 낼 수 있습니다.

### 단절은 권장하지 말고, 기회를 넓혀줘야

"친구 없어도 돼. 다 쓸데없어."

"친구랑 노는 거 아무 영양가 없어. 괜찮아."

그렇다고 이런 식의 극단으로 가지는 않아야 해요. 혼자 있는 걸 즐기는 것과 혼자 살아도 된다는 건 다른 얘기예요. 세상은 더불어 사는 것이며 대인관계 단절은 훗날 사회생활에 큰 곤란을 줄 수 있습니다.

부모가 적절히 아이가 흥미로워하는 특정 주제 관련 모임을 제안해보며 기회를 열어주는 것도 좋아요. 내향적이고 독립적 성향이 강한 아이도, 자기 관심사를 공유하는 친구를 만나면 생각보다 교류가 즐겁다는 걸 깨닫게 됩니다. 좋은 인연을 만나면 "새로운 교류도 괜찮네?" 하며 스스로 시야를 넓혀갈 수 있습니다.

저 역시 친구가 많지 않은 편입니다. 나이가 들수록 인맥이 확장된다는데, 저는 그런 것 같지도 않더라고요. 한때는 '내가 이상한가? 사회성이 부족한 건가?' 고민한 적도 있어요.

그런데 관계 맺기 방식은 사람마다 다른 것 같아요. 저는 작가라는 직업 특성상 혼자 사색하고 글로 정리하는 시간이 절대적으로 필요한 삶을 삽니다. 또 타고나기를 에너지가 많지 않은 편인데, 나이가 들수록 그 에너지마저 조금씩 줄더라고요. 그러다 보니 바깥 인맥보다는 가족과 글 쓰는 일에 에너지를 우선 배분하게 되었죠. 만약 인맥을 넓히고 여러 사람을 만나는 데 시간을 쏟았다면, 이 책도 쓸 수 없었을 거예요. 사람마다 관계 맺는 방식은 다르고, 그런 방식에는 나름의 이유와 의미가 있습니다.

인간관계에 정답이란 없는 거 같아요. 차이를 받아들여야지, 비교는 의미가 없어요. 사람은 다 제각각이고, 다 나름대로 잘살고 있습니다.


누구나 고유한 자신만의 세계가 있습니다. 함께 어울

려야 행복한 아이도 있고, 혼자 몰입하는 순간이 즐거운 아이도 있습니다. 비교하지 말고 아이의 성향을 존중하면, 아이는 자신만의 방식으로 인생의 폭을 넓혀갈 것입니다.

# 친구는 있지만
# 단짝이 없는 아이,
# 그 마음 들여다보기

일 년 내내 한 친구와만 붙어 다니는 아이가 있는가 하면, 여러 친구와 두루 친하게 지내면서 딱히 단짝은 없는 아이도 있습니다. 어떤 아이는 친구에게 집착할 정도로 의존적인 모습을 보이지만, 어떤 아이는 '오는 친구 안 막고, 가는 친구 안 잡는다'는 식으로 쿨하게 대하기도 하지요.

그런데 어떤 경우든, 엄마는 걱정입니다. 단짝이랑만 놀면 그러다 사이가 틀어지면 어쩌나 걱정이고, 단짝이 없으면 아이가 외로운 건 아닐까 걱정을 합니다.

**[초4 단짝이 없는 아이 엄마의 고민]**

아이가 친구에게 먼저 다가가는 스타일이라 학기 초에는 적응을 잘하고 친구를 잘 사귀어요. 1학기 때는 부반장도 했고요. 그런데 정작 실속 있는 친구가 없네요. 2학기 소풍에 버스에서 앉을 짝꿍이 없어 고민을 하고, 학예회 때는 혼자 리코더 독주를 했어요. 친구들이 자기를 빼고 다 팀을 정했다고요. 학예회 때 보니까 여자애 중에 우리 아이만 혼자 하더라고요. 다들 둘이나 여럿이 팀으로 하는 걸 보니까 마음이 너무 안 좋아요.

친구가 있지만 정작 결정적인 순간에는 실속 있는 친구가 없어요. 따돌림받는 건 아니지만 단짝, 베프, 무리가 없으니까 아이가 외로워합니다. 선생님들도 예뻐하시고, 친구들 사이에서 문제를 일으키거나 친구를 못 사귀는 것도 아닌데, 왜 단짝이 없을까요?

이처럼 여자아이일수록, 단짝이 없으면 학교생활에서 느끼는 소외감이 커질 때가 많습니다. 그런데 정말 우리 아이들에게 단짝 친구가 꼭 필요할까요?

친구의 요건, 유사성과 접근성

친구가 되는 데는 2가지 요소가 작용해요.

첫째, 유사성입니다. 공동 관심사죠. 만화, 게임, 연예인, 축구 등 공통분모가 있으면 말이 잘 통한다는 느낌이 들고 금방 친해집니다.

둘째, 접근성입니다. 같은 반, 같은 학원, 옆자리 짝꿍처럼 자주 만남을 가질 수 있어야 해요. 자주 만나다 보면 자연스럽게 친밀도가 올라갑니다.

이 두 가지가 잘 맞아떨어지면 친구로 발전하기 쉽습니다. 하지만 이렇게 친구가 된다고 해서 곧바로 단짝이 되지는 않습니다.


단짝의 요건, 독점

단짝이 되려면 앞서 말한 공동 관심사와 자주 만날 기회 외에도, 서로를 1순위로 여기는 독점적 유대감이 뒤따라야 합니다.

"나한테 제일 친한 친구는 너야."

"이런 얘기는 너에게만 할 수 있어."

이처럼 특별한 배타적 감각을 공유할 때, 비로소 단짝이라 부를 수 있는 친밀한 관계가 됩니다.

단짝은 좋은 점이 있습니다. 운동장에 나갈 때도 함께 다니고 보건실도 같이 손잡고 다니다 보니 든든함이 큽니다. 누가 늦으면 기다려주는 의리가 있고요. 체험학습을 내고 학교를 안 나왔을 때나 조퇴를 했을 때도 필요한 정보를 알려주고 챙겨줘요. 또 무리 짓기에 비해 분열과 다툼이 적습니다. 다툼이 생긴다고 하더라도 비교적 화해가 쉽고요. 이러한 독점적 유대가 주는 심리적 안정감 때문에 단짝 관계는 특히 여학생 사이에서 두드러집니다.

하지만 독점적 일대일의 관계는 위험성도 있습니다.

'단짝=내 거'

'너는 내 전부'

이런 공식이 생기면, 단짝이 다른 친구와 어울리는 것만 봐도 질투를 느껴요. 사실 인간관계는 둘이 친하다가도 셋, 넷, 무리로 확장될 수 있는데, 단짝을 전부로 여기면 확장이 되지 않습니다.

또 단짝인 친구가 다른 친구와 친분을 쌓는 것을 자신에 대한 배제로 느끼죠.

"네가 나 두고 다른 친구랑 도서관 갔을 때 서운했어."

"왜 다른 애들이랑 같은 그룹 한다고 했어?"

누군가 친구를 빼앗아간 게 아님에도 빼앗아갔다고 여기고, 버린 사람은 없는데 버림받았다고 느끼는 겁니다. 단짝에 대한 독점적이고 우월적인 지위를 확보하고 유지하기 위해 애쓰고 그런 행동과 태도가 집착으로 이어질 수 있죠.

이처럼 단짝은 양날의 검이에요. 잘 지낼 때는 좋지만, 한 명이 체험을 가거나 아파서 결석이라도 하면 곧장 혼자가 됩니다. 또 단짝과 사이가 틀어지면 이미 형성되어 있는 다른 무리에 끼기도 힘들고요. 장단점이 분명하고 좋다고만 보긴 어려워요.

## 단짝이 없어도 괜찮은, 사회성 좋은 쿨한 아이

단짝이 없다고 해서 친구 관계가 서툴다고 볼 순 없습니다. 오히려 친구를 독점하거나 집착하지 않고, 누구와도 두루두루 잘 지내는 쿨한 성향일 수 있어요. 이 경우 사회적 폭이 넓고 상호작용이 원만하지만 단짝은 없을 수 있어요. 친구를 독점하려고도 하지 않고 누군가에게 독점적인 1순위를 주지도 않으니, 독점적이고 배타적 관계를 원하는 친구로서는 다른 친구를 찾게 되는 거죠. 그러다 보니 결정적 순간(소풍 짝, 학예회 팀 구성 등)엔 누구도 나를 우선으로 선택하지 않아 외로움을 느낄 수도 있습니다.

하지만 단짝이 없다고 사회성이 부족한 건 절대 아닙니다. 또 자라면서 필요에 따라 언제든 독점적 친밀감을 형성할 수 있어요. 아이가 성장하면서, 특히 중고등학생 시기에 "진짜 나와 잘 통하는 친구가 한 명쯤 있으면 좋겠다"는 욕구가 강해질 수 있고, 그때 자연스럽게 단짝이 생기기도 합니다.

사회성은 내가 원하는 관계가 무엇인지 알고, 유연하게 선택하고 만들어가는 힘이기도 합니다. 어린 시기에는 넓게 여러 친구를 사귀다가, 어느 순간 일대일 친밀감을 주는 단짝을 찾고 싶어질 수도 있습니다. 또 반대로, 단짝만 바라보다가 더 폭넓은 친구 관계로 확장하고 싶어질 수도 있지요. 유연성을 키우면 언제든 자신에게 꼭 맞는 친구 관계를 만들어갈 수 있습니다.

　　단짝이 없다고 해서 문제가 되는 것도 아니고, 단짝이 있다고 해서 전부 좋은 것도 아닙니다. 아이가 지금 원하는 관계가 무엇인지, 앞으로 어떤 관계를 시도해보고 싶은지 함께 이야기 나누며 지켜봐 주세요. 그러면 어느 시점에는 아이에게 딱 맞는 친구 관계가 자연스럽게 만들어질 거예요.

# 낯가림 심한
# 아이를 위한
# 관계 맺기 가이드

⋇⟶

낯선 환경에 대한 경계심이 유독 높은 아이들이 있습니다. 이런 아이들은 낯선 환경에서 쉽게 울고 엄마 등 뒤에만 숨어 있으려 하죠. 새로운 사람을 만나거나 새로운 장소에서 곧장 놀이에 뛰어들지 않아요. 안전한지를 먼저 살피죠. 엄마 곁을 떠나지 못하거나 자리 탐색에 시간을 많이 씁니다.

아기 때는 엄마 품에 안기면 되니까 문제가 크게 부각되지 않지만, 초등시기가 되면서 친구와 잘 지낼 수 있을까, 학교에서 혼자 있진 않을까 하는 걱정이 커집니다.

그런데 그렇다고 낯가림이 심한 아이가 친구를 못 사귀는 건 절대 아니에요. 다만 처음부터 부딪치기보다는 충분히 주변을 살핀 뒤에야 마음을 열기 때문에 시간이 더 걸릴 뿐이죠. 자기만의 속도와 방식으로 친구를 만들어요. 오히려 이런 아이 중에는 관찰력과 공감 능력이 좋고 친구가 많은 경우도 있어요.

부모가 도와주면, 새로운 친구를 사귀는 속도를 좀 단축할 수 있어요. 친구와 단둘이 집에서 놀 수 있는 기회를 만들어주거나 낯선 장소를 반복 방문하도록 해주면, 경계심이 줄고 자연스럽게 조금씩 친구에게 다가갑니다.

### 낯가림이 심한 아이, 이렇게 도와주면 좋아요

**첫째, 최고의 놀이 장소는 집이에요.**

낯가림이 심한 아이라도 안전한 공간에서는 목소리 크고 말도 잘합니다. 낯선 장소나 낯선 사람 앞에서만 경계심이 강한 거죠. 키즈카페나 복잡한 장소는 아무래도 부담이 됩니다. 사회성을 키워주겠다며 주말마다 사람이 많은 곳에 데려가면, 아이는 적응하려다 지쳐버릴 수 있어요. 이왕이면 우리 아이가 가장 편한 공간에서 친구와 놀게 하는 게 좋습니다.

**둘째, 한 명씩 초대해보세요.**

여러 명이 모이면 아이가 더 긴장하고 경계심이 커질 수 있어요. 무리 사이에 끼워 넣기보다는, 일대일 상호작용으로 관계 형성을 돕는 게 낫습니다.

**셋째, 익숙해질 때까지 반복합니다.**

자주 보고 자주 만나면, 더 이상 낯설지 않게 되고 마음의 문을 열기 시작합니다. 반복 노출 효과죠. 익숙해지면 경계가 누그러집니다. 장소와 시간을 고정하는 것도 하나의 방법입니다. 여러 놀이터를 순회하기보다 한 놀이터를 반복해서 가는 게 좋습니다. 장소 탐색에 쓰는 에너지를 줄이고, 그만큼 사람에게 집중할 수 있기 때문이죠. 예를 들어 매주 토요일 오후 3~5시쯤 같은 놀이터를 방문하면, 익숙한 아이들을 반복해서 만날 수도 있습니다. 몇 번 보면 "아, 이 친구가 저번에 함께 놀던 애구나" 하며 안심이 되고 대화 시도가 수월해집니다.

낯가림 심한 아이에게도 유연성은 서서히 자랍니다. 처음에는 경계심이 앞서지만, 익숙해지면 자신만의 속도로 친구에게 다가갈 수 있어요. 아이가 편안함을 느낄 기회를 열어주고 지켜봐 주면, 아기새가 스스로 알을 깨고 나오는 것처럼 또래와 교류할 줄 아는 멋진 아이로 성장할 것입니다.

# 3월 친구 쟁탈전,
# 승자는?

"선생님, 다 풀었어요!"

문제지를 나눠주면 번개같이 푸는 아이가 있습니다. 그런데 막상 채점을 해보면 실수투성이죠. 차분히 풀었다면 충분히 맞힐 수 있는 문제임에도, 조급한 마음에 아는 것도 틀리는 겁니다. 남들보다 빨리 풀고 1등으로 제출하고 싶다는 욕심 때문인데요, 보통 저학년 아이들에게 많이 나타납니다. 학년이 올라갈수록, 시험지를 빨리 내서 틀리는 것보다 차분히 문제를 해결하는 편이 낫다는 걸 깨닫게 되지요.

조급함에 서두르는 일은 친구 관계에서도 나타납니다. 3월, 특히 저학년 교실에서는 친구 전쟁을 종종 목격할 수 있습니다.

**[초2 새학기에 엄마의 고민]**

이제 3월인데 벌써 단짝이 다 정해지고 무리도 생겼다고 해서 걱정이에요. 아이들이 빠르게 친구를 사귀는데, 우리 아이는 낯가림이 심해 먼저 다가가지 못하고 친해지는 데 시간이 오래 걸리거든요. 어떻게 해야 할까요?

3월 저학년 교실에서는 성격과 취향도 파악하지 않은 채 묻지마식으로 친구를 쟁탈하려는 분위기가 있어요. 새 학년이 된 지 1~2주밖에 안 됐는데도 단짝이나 무리가 형성됐다면, 사실상 '찜'에 가깝습니다. "너는 내 단짝!"이라며 서둘러 붙들어두는 거죠. 낯선 환경에서 불안하니, 빨리 친구를 곁에 두려는 마음에서 비롯됩니다.

그런데 지금 생기는 단짝이 정말 진짜 단짝인지 지켜봐야 해요. 탐색 없이 "넌 내 단짝" 하고 덥석 친구삼았다가, 조금 지나 서로를 알게 되면서 틈이 생기고 절교하는 경우가 흔하거든요. 너무 빠른 속도로 친해진 아이들끼리는 오히려 끝이 안 좋았던 사례를 여러 번 봤어요.

반면 3월에 단짝이 없다고 하는 아이는 오히려 이런 친구 전쟁에 휘말리지 않아 더 편할 수 있습니다. 서투른 조기 동맹(?)이 깨지고 서로 상처를 주고받는 일을 겪지 않아도 되니까요.


관계는 '효율성'이 아닌 '정성'으로 유지된다

친구 관계는 욕심내어 빨리 누군가를 선점하고 쟁탈하는 경쟁의 영역이 아닙니다. 오히려 오래도록 공을 들이며 편하고 진솔하게 지낼 기반을 닦아가는 게 중요하죠. 서서히 성격과 취향을 파악하면서, 갈등이 생기면 대화로 풀어가야 합니다. 당장 내 편을 확보해야 한다는 불안감 대신, 조금 더 유연하게 시간을 두고 지켜보며 마음을 나눌 때 더 단단하고 편안한 우정을 만들 수 있어요.


"친구는 경쟁 대상이 아니야. 마음을 나누는 상대지."

"처음부터 단짝을 만들려고 조급해하지 마. 지내다 보면, 진

짜 잘 맞는 친구가 자연스레 보일 거야."


빨리 갈등을 끝내고 싶은 마음에 영혼 없는 사과로 얼

버무리거나, "너랑 안 놀아"라는 식으로는 관계가 깊어지

기 어렵습니다. 결국 친구 관계는 일정 시간이 걸리더라

도 서로를 이해하고 대화로 조율하는 정성이 필요합니다.

진짜 우정은 차분한 탐색으로부터 시작되고 서로에게

시간과 정성을 쏟으면서 완성됩니다. 지금 당장 단짝이

없다고 하는 아이를 보고 너무 걱정하지 마세요. 빨리 찾

느냐보다 정말 맞는 친구를 찾는 것이 훨씬 중요하거든

요. 그걸 깨달을 때, 아이의 사회성은 비로소 한 단계 성

장하게 됩니다.

# 초등 1학년 때
# 친구 고민이 많은 이유
# 네 가지

꿍

 

 

1학년 담임도 해봤고, 1학년 엄마도 해봤는데, 둘 다 정말 어렵더라고요. 저뿐만 아니라 많은 부모님이 초등학교 1학년 아이를 둔 첫해, 친구 관계의 어려움을 호소합니다. 초등 1학년은 아이나 엄마 모두 '처음'이라는 부담감을 가지고 새로운 환경 변화를 겪습니다. 새로운 규칙과 역할 변화는 아이에게 스트레스일 수 있습니다. 다음에서 그 주요 이유를 살펴볼게요.

### 첫째, 환경 변화로 인한 스트레스

유치원은 놀이 중심, 통합적 교육활동이 많아 자유로운 편입니다. 그런데 초등학교는 '공부 시간 → 쉬는 시간 → 공부 시간'처럼 일과가 공부 시간 중심으로 구분됩니다. 숙제와 준비물도 늘어나고요.

낯선 규칙과 시간표에 아이들이 예민해지기 쉽다 보니 작은 다툼도 크게 번질 수 있어요.

또 점심시간과 중간놀이 시간에 복도나 운동장에서 놀다 보니 교사의 시선이 미치지 않는 사각지대가 생길 수 있어요. 일부 아이가 못된 행동을 해도 선생님이 즉시 파악하기 어려워 갈등이 커질 수 있죠.

### 둘째, 반편성 복불복 문제

초등학교 반편성은 세심하게 이루어집니다. 학년말 선생님들이 모여 성적·성향·교우관계 등을 종합해 균형 잡힌 분반을 하려 노력하죠. 그러나 1학년은 이전 정보가 제한적이어서, 실질적으로 어떤 아이들이 한 반에 묶일지 예측이 어렵습니다. 어떤 반은 무난하게 흘러가는데,

또 다른 반은 까다로운 아이들이 모여 갈등이 폭발하기도 하죠.

한번 편성이 되면 바꿀 수 없으니 어떤 반이 됐든 배움의 기회로 삼아야 합니다.


### 셋째, 아이도 1학년, 엄마도 1학년

아이가 입학하면 부모도 처음으로 학부모가 됩니다. 모든 게 낯설고 그러다 보니 시행착오가 많지요. 아이가 친구랑 다투면, "어느 선까지 개입해야 하지? 그냥 두면 애가 왕따당하는 건 아닐까?" 하며 조급해집니다.

하지만 아이들 다툼은 금방 풀릴 수 있는 일이 많은데, 엄마나 아빠가 감정적으로 뛰어들면 오히려 문제가 커지기도 해요. 2학년쯤 되면 부모도 경험이 생겨서 사소한 건 아이들끼리 풀게 두는 여유가 생겨요.


### 넷째, 엄마들 사이 활발한 교류의 양면성

초등 1학년은 반모임이 가장 활발한 시기입니다. 아이들이 아직 어려 서로의 놀이터나 집에서 모이게 되고, 엄마들도 아이에게 친구를 만들어주기 위해 모임에 적극적으로 끼려고 합니다. 이런 교류는 아이들이 서로 친해지는 기회를 만들고, 학습 정보도 나눌 수 있다는 장점이 있습니다.

그런데 문제도 있어요. 엄마들끼리 친한 소그룹이 생기면 갈등 발생 시 단톡방에서 "○○가 친구 울렸대!"라는 소문이 과장·왜곡되어 삽시간에 퍼져요. 아이들끼리 싸웠는데 부모끼리 감정이 얽혀서 어른 싸움으로 번지는 사례도 흔하죠.

초등 1학년은 아이도, 엄마도 처음이어서 시행착오가 많고, 학교 환경 변화와 반편성의 불확실성 등 복합 요인으로 친구 갈등이 잦을 수 있습니다. 1학년 때 친구 문제가 많은 건 자연스러운 현상에 가까워요.

그렇다고 매번 부모가 개입할 필요는 없어요. "엄마(아빠)가 널 믿고 응원해. 혹시 힘들면 말해줘"라는 태도가 아이에게 안정감을 줍니다. 아이 스스로 자잘한 갈등을 해결해보며 사회성을 키우고 교우관계 능력을 배웁니다.

내 아이의 첫걸음을 믿어주세요. 1학년은 낯설고 힘들지만, 아이에게 큰 배움의 시기입니다. 공감과 경청, 그리고 지나치지 않은 개입이 아이가 교우관계 능력을 키우는 데 큰 힘이 될 거예요.

# 친구 문제로
# 전학을 고민하고 있다면

⟫

　일시적인 충돌이나 작은 오해가 아니라, 심각하고 지속적이며 고의적인 괴롭힘이라면 전학도 선택지 중 하나가 될 수 있습니다. 아이가 친구 문제로 일 년 내내 힘들어하거나, 아이를 둘러싼 부정적 이미지가 고착화되어 학년이 바뀌어도 변하지 않는다면 공간을 바꾸어 새롭게 시작하는 것도 대안이 될 수 있어요. 다만 무조건 분리나 회피가 답이 되지 않을 수도 있으므로 여러 변수를 신중히 살펴야 합니다.

전학

첫째, 이왕 결심하셨다면 근처보다는 멀리 가는 게 낫습니다. 근처 다른 학교로 전학을 갈 경우, 소문이나 관계가 쉽게 이어질 수 있거든요. 한 다리 건너면 왜 전학 왔는지가 왜곡되고 과장돼 퍼질 우려도 있고요. 가능한 멀리, 아예 다른 지역이 낫습니다.

둘째, 학기 첫날에 맞춰 가세요. 학기 중 전학은 아이가 이미 굳어진 친한 친구 그룹 속에 비집고 들어가야 하기에 적응이 더 어려울 수 있습니다. 새 학년 시작 시점(3월 첫날)에 맞추면, 모두 처음부터 새롭게 적응하는 분위기라 전학 온 아이도 적응이 수월해요.

셋째, 규모가 큰 학교가 적응이 편해요. 학생 수가 적으면 이미 서로 다 아는 사이라서 새로 들어가는 전학생 입장에서는 더 낯설고 힘들어요. 큰 학교는 학년이 바뀔 때마다 섞이는 범위가 넓어 전학생이든 기존 학생이든 새로 친해지는 기회가 많습니다.

### 분반

학년말 분반 희망 사항을 조용히 전달하는 식으로 요청을 할 수 있어요. "누구와는 심각한 갈등이 있으니 분리해주시면 감사하겠습니다." 이 정도로요. 그러나 사소한 이유로 여러 아이와 분리를 요구하는 건 조정이 어려울 수 있으니, 정말 불가피한 경우에만 권합니다.

전년도에 문제 있었던 아이들이 새 학년에 다시 한 반이 될 가능성도 충분히 있어요. 선생님이 이전 정보를 모르는 상황이라면 더욱 그렇습니다. 3학년 때 여자아이들끼리 극심한 갈등이 있어 4학년 반편성에서 분리했는데 5학년에 또 같은 반이 되어 오히려 감정의 골이 깊어진 상태에서 문제가 재폭발한 사례도 있습니다. 따라서 분반 요청을 할 때는, 다음 학년도 이후까지 염두에 두어야 해요.


### 자리 배치

짝·모둠 자리에서 계속 부딪힌다면 자리 배치를 바꾸는 것으로 다툼이나 충돌의 빈도를 줄일 수 있습니다.

"선생님, 두 아이가 갈등이 잦은데 당분간 떨어뜨려 앉혀주실 수 있을까요?"라고 부탁을 할 수 있어요. 하지만 한번 떨어뜨려 앉혔다고 해서 일 년 내내 유지하는 건 현실적으로 어려워요.

### 전학·분반·자리 배치, 정말로 답이 될까?

이런 물리적 분리가 단기적으로는 효과가 있을 수 있지만, 근본적 해결이 되진 않을 수 있어요. 심각한 갈등을 일단 중단하고, 새로운 환경에서 다시 시작하도록 기회를 열어줄 수 있지만, 아이의 사회성 문제나 갈등 대처 능력이 충분히 자라지 않으면, 어디서든 비슷한 문제를 다시 겪을 수 있습니다.

부모로서는 "아이가 너무 괴로워하니 당장 전학을 보내야 하나?" 하고 조급해질 수 있지만, 전학은 아이가 감당해야 할 새로운 부담이기도 합니다. 전학을 가면 새 학교의 분위기나 친구 관계에 또 적응해야 하고, 분반이나 자리 배치도 완벽한 안전장치가 되지 않을 때가 많습니다.

결국 전학이든 분리든 자리 조정이든, 아이와 충분한 대화로 결정해야 합니다. 그래야 아이가 새로운 환경에서 좀 더 안정적으로 적응하고, 친구 관계도 다시 건강하게 이어갈 수 있어요.

# 아이 친구 문제에
# 개입할 때
# 알아야 할 것들

"기쁨이 엄마, 저 금별이 엄마예요. 기쁨이가 금별이한테 계속 눈 흘기고, 금별이가 그린 그림 못 그렸다고 하면서 못되게 군대요. 금별이가 너무 힘들어해요. 선생님께 말씀드리려다가 기쁨이 엄마 말 통하시는 분이라 전화드렸어요. 기쁨이한테 그러지 말라고 잘 타일러주세요."

큰애가 초등학교 1학년 때니까 꽤 오랜 세월이 지났음에도 지금도 생생히 기억이 나는 전화입니다. 금별이는 학기 초에 저희 딸과 친했던 친구인데요, 각자의 집으로 초대도 하고 키즈카페도 데려가며 엄마들끼리도 사는 얘기 나누며 지냈어요. 그런데 아이들끼리 티격태격하다 자연스럽게 멀어졌고, 이후 교류 없이 지냈던 터라 갑작스러운 전화에 저는 당황했습니다.

이때 제가 뭐라고 답했는지 기억조차 안 납니다. 전화를 끊고 나서야 알았습니다. 얼마나 무례한 일인지.

학교에서 어떤 일이 있었는지, 속상한 일이 있으면 엄마한테 말하는 것이야 당연합니다. 아이는 그럴 수 있고 그게 건강한 거예요. 하지만 그 얘기를 백 퍼센트 사실로 단정하고 상대방 입장은 들어보지도 않은 채 다짜고짜 바로잡으라고 하는 건 무례한 일입니다. 그런데 금별이 엄마는 자신의 무례함을 모르는 것 같았습니다.

집에 와서 딸에게 물었어요. 기쁨이는 펄쩍 뛰었습니다. 또 억울해했습니다. 자신은 눈을 흘긴 적이 없을 뿐만 아니라 못되게 구는 건 자기가 아니라 그 친구라고.

"엄마, 금별이 엄마한테 전화해. 당장 전화해서 얘기해. 내가 안 그랬다고! 걔가 나한테 글씨 못 썼다고 하고 그림 못 그렸다고 했다고! 왜 엄마는 그 친구 엄마한테 전화해주지 않아?"

애들 싸움이 어른 싸움으로 번지는 걸 초등교사를 하면서 여러 번 목격했습니다. 똑같이 전화로 아이 입장을 대변해주며 맞서는 건 좋은 선택이 아니었어요.

"기쁨아, 엄마가 내일 선생님 찾아뵙고 상의드릴 거야. 사랑하는 방식은 여러 가지야. 전화하고 대신 말해주는 방식만 있는 게 아니야. 네가 헤쳐 나갈 수 있게 도와주는 게 엄마가 너를 사랑하는 방식이야."

저는 금별이 엄마에게 전화하지 않았고, 담임 선생님과 이야기를 나눴습니다. 아이마다 자기 입장에서 말을 하니 선생님의 객관적인 시각이 절실했어요. 선생님은 아이들끼리 사소한 일로 티격태격한 적이 있었고 그때그때 화해를 하긴 했는데, 톡톡 쏘는 말을 서로 주고받은 거 같다고, 앞으로 잘 지켜보겠다고 하셨어요. 그 뒤로 다른 문제는 없었기에 그걸로 마무리가 됐죠.

아이가 친구 때문에 울면, 엄마도 마음이 아픕니다.

'왜 우리 딸에게 상처를 줘? 걔 왜 그래?'라는 마음이죠. 그래서 제게 전화한 금별이 엄마 마음도 이해를 해요. 자녀를 생각해서 한 말이지, 저나 제 아이에게 상처 주려는 의도는 없었을 겁니다.

그래도 아쉬움은 남아요. 만약 제게 이렇게 물어봐 주었다면 어땠을까요?

"금별이가 이렇게 말하는데 우리 애 말만 듣고는 사정을 다 알 수 없어서, 궁금한 마음에 연락드려요. 기쁨이는 뭐라고 하는지 물어봐 줄 수 있나요?"

그랬다면 좋게 대화로 잘 풀 수 있었을 것 같습니다. 마음 상하지도, 밤잠 설치지도 않았을 것 같아요.


아이가 친구 때문에 속상해하면, 엄마가 나서서 해결해주고 싶은 마음이 듭니다. 물론 아이 얘기를 잘 들어주는 건 필요해요. 하지만 아이 말에 공감은 해주되, 다 맞다고 여기지 말고 앞뒤 사정도 헤아려보면 좋겠습니다. 각자의 입장이 다르고, 아이 입장에서의 진실이 객관적 사실은 아닐 수 있으니까요. 또, 내 자식 사랑해서 하는 말과 행동이 다른 사람에게 의도치 않은 상처를 줄 수도 있으니까요. 아이 얘기에 공감하되, 아이 말이 다 맞다고 단정하기보다 상대편의 시각은 어떨지 살펴보며 대화를 시도하는 유연함이 필요합니다.

### 부모도 아이도 열린 마음이 필요하다

서로 다른 사람들이 조화롭게 어울려 지내려면, 유연성이 필요합니다. 유연성이라고 해서 거창한 건 아닙니다. 자기 세계가 강한 아이라면 다른 사람의 세계도 조금 궁금해하고, 단짝만 고집하던 아이는 새로운 친구들에게 한 걸음 다가서 보려 애쓰는 정도로도 충분합니다. 소심한 아이는 조금씩 목소리를 내보는 연습을, 나서기 좋아하는 아이는 잠시 멈추어 주변을 살피는 연습부터 시작할 수 있습니다. 그런 작은 시도만으로도 우리 아이들의 내면은 서서히 넓어지지요.

아이의 유연성을 키우기 위해서는 부모의 역할이 중요합니다. 갈등이 생길 때마다 부모가 나서기보다는 아이가 직접 부딪혀보도록 조금 더 지켜보는 인내와 여유가 필요합니다. 부모의 불안을 잠시 내려놓고 아이에게 스스로 조율하고 선택할 기회를 줄 때, 아이는 배움과 성장을 얻어갑니다. 또한 우리 아이 말이 다 맞다는 확신을 갖기보다는 친구의 입장은 다르지 않을까 하고 열린 마음을 가져보는 게 필요합니다.

조금씩 유연해진다는 것은, 결국 좀 더 성숙해지는 길이기도 합니다. 타고난 기질을 그대로 고집하기보다 한 걸음씩 나아가 변화해보는 것이 진정한 성장입니다. "난 원래 이래!"라고 말하기보다, "원래 이런 사람이 아니었는데, 살다 보니 바뀌더라"라고 말할 수 있게 될 때가 한 층 더 성숙해진 모습일 것입니다.

2부

# 아이의 사회성

"엄마, 나 다 숨었어!"

두 살배기 아이가 눈만 베개에 파묻고는 다 숨었다고 외칩니다. 엉덩이가 훤히 보이는데도, 아이는 '내가 못 보면 엄마도 못 볼 거야'라고 철석같이 믿는 거죠.

엄마 생일에는 엄마가 좋아하는 것 대신, 자신이 좋아하는 젤리를 선물로 내밉니다. 내가 좋아하는 걸 엄마도 좋아할 거라고 생각하기 때문입니다.

이처럼 어린아이에겐 누구나 자기중심성이 있습니다. 내가 보는 관점이 곧 전부라고 여기는 것이 자연스러운 발달 과정이지요. 그런데 한 살 한 살 자라면서 서서히 '다른 사람은 나와 다르게 느낄 수 있구나'를 배우게 됩니다. 숨바꼭질할 땐 진짜 보이지 않는 곳에 숨어보고, 엄마가 좋아하는 선물을 골라보려는 시도를 하기도 하지요.

그러나 그 배움이 늘 순조로운 건 아닙니다. 학교생활에서는 '내가 싫어도 해야 하는 일', '내가 좋아도 참아야 하는 일'이 부딪치면서 다양한 시행착오가 일어납니다. 함부로 자기 마음대로만 하면 친구들이 싫어하고, 반대로 무례한 요구를 거절하지 못하면 억울함이 쌓여 자신감을 잃기도 하죠. 그걸 지켜보는 부모는 여러 가지 고민이 듭니다.

"아이가 말을 안 듣는 건 싫지만, 너무 통제만 하면 아이의 기가 꺾이지 않을까?"

"친구가 무례해도 그냥 넘어가게 두면 우리 아이만 손해 보는 건 아닐까?"

"착한 건 분명 장점인데, 왜 늘 우리 아이가 손해 보는 느낌일까?"

### 꼭 기억해야 할 네 가지 사회성 키워드

2부에서는 이러한 고민에 대한 답을 보편성, 고유성, 인성, 적정 공격성이라는 네 가지 키워드로 풀어갑니다.

### 첫째, 보편성

예의, 규칙 준수, 사과, 양보 같은 '모두가 지켜야 할 기본 규범'을 뜻합니다. "이건 싫어도 지켜야 하는 거야"라고 부모가 알려주지 않으면, 아이는 타인을 배려하는 기본기를 놓치고 자기중심성에서 벗어나기 힘듭니다.

### 둘째, 고유성

아이마다 타고난 기질, 성격, 개성을 뜻합니다. 내향적이거나 외향적이거나 우리는 모두 각자 다르게 태어나며, 이 부분은 존중받아야 합니다. 억지로 통제하려 들면, 오히려 아이 고유의 장점을 꺾을 수 있습니다.

### 셋째, 인성

인성은 사회성의 뿌리이자 사회성이 자라기 위한 바탕입니다. 표면적으로 친구가 많아 보여도 이기적으로 행동하거나, 강자에게만 약하고 약자에게는 강한 식이라면 진정한 사회성이라 보기 어렵습니다. 인성이 받쳐주어야만 함께 살아가는 힘이 단단해집니다.

### 넷째, 적정 공격성

무례한 요청이나 부당한 상황에 이건 아니라고 말하며, 자신을 지킬 수 있는 힘을 의미합니다. 공격성이 전혀 없으면 매번 끌려다니고, 너무 과하면 주변에 상처를 주지요. 적정 공격성을 기르면 갈등 상황에서도 나와 상대 모두를 보호할 수 있습니다.

사회성이란 나다움을 잃지 않으면서도 함께 조화롭게 지내는 능력입니다. 나도 행복하고 너도 행복한 길을 고민하는 힘이지요. 아이가 건강하고 즐거운 친구 관계를 누리려면, 자기중심성을 다듬어가는 일과 아이 본연의 개성과 장점을 살려주는 것이 동시에 필요합니다.

1장에서는 싫어도 해야 하는 일과 아이의 고유한 기질 사이의 균형을 다룹니다. 아이가 억울해해도 예의, 사과, 약속 지키기 등의 사회규범은 지켜야 하고, 부모는 그것을 단호히 가르쳐야 합니다. 보편성과 고유성 사이에서 부모가 어떤 기준으로 개입하고, 어디서 선을 그어야 할지 이야기합니다.

2장에서는 적정 공격성이라는 개념을 중심으로, 놀림이나 무례한 행동 등을 겪었을 때 아이가 잘 대처하도록 어떻게 도울지 살펴봅니다. 폭력을 쓰지 않되, 나를 보호하는 자기주장이 필요합니다. 무례한 부탁을 부드럽게 거절하는 법부터, 친구와 갈등이 생겼을 때 어떻게 의사를 밝혀야 하는지, 또 부모가 어디까지 지켜보고 언제 개입해야 하는지 구체적으로 안내합니다.

3장은 은근하고 교묘하게 상대를 소외시키는 정서적 괴롭힘을 다룹니다. 흔히 여왕벌, 일벌, 타깃 구도로 나타나는 관계 조종이 왜 일어나는지, 부모와 교사가 어떻게 개입해야 하는지 상세히 살펴봅니다. 단순한 갈등을 넘어 악의적인 소외가 벌어질 때, 인성을 어떻게 가르치고 아이의 자기 보호를 도울지 구체적 지침을 담았습니다.

보편성, 고유성, 인성, 적정 공격성이 잘 키워질 때, 아이는 건강한 친구 관계를 형성하고 함께 살아가는 힘을 키워갈 수 있습니다.

그러면 이제 아이와 친구가 함께 어울리는 현장에서 벌어지는 다양한 갈등과 문제 상황을 구체적으로 살펴보면서 아이의 사회성을 키우는 여정을 시작해보겠습니다.

# 1장

# 함께 지내는 법을
# 배워가는 시간

# 싫어도 지켜야 하는 약속,
# 보편적 사회규범

*※*

학교 현장에서 아이들을 지켜보면 친구들이 좋아하고 잘 따르는 아이가 있는가 하면, 친구들이 기피하는 아이도 있습니다. 모둠 활동이나 짝을 정할 때마다 아이들이 한숨부터 쉬며 피하려고 드는 아이입니다. 물론 일부 경우에는 아이들이 못된 마음으로 특정 친구를 따돌리는 일도 있지만, 대부분 기피할 만한 이유가 있는 경우가 더 많습니다.

"쟤는 다 자기 마음대로만 하려고 하니까, 옆에 있으면 피곤해요."

"남한테만 뭐라고 하고, 자기 잘못은 인정 안 해요. 맨날 나한테 사과하라고 하면서 자기는 끝까지 사과 안 해요."

이처럼 자기중심적인 아이들은 갈등을 일으키고 주변을 힘들게 만듭니다. 규칙을 지키지 않고 자기 하고 싶은 대로 한다면 친구들이 좋아할 수가 없죠. 상식적이지 않은 사람과는 어른도 잘 지내기가 힘든데, 아이들은 오죽하겠어요. 아이가 자기만 생각하는 태도에 머무르지 않도록, 곁에서 꾸준히 이끌어주어야 합니다.

### 아이에게 반드시 가르쳐야 하는 것

더불어 살아가기 위해서는 지켜야 할 보편적 규범이 있습니다. 전 세계 어디서나 모두가 지켜야 할 기본 가치죠. 이러한 규범은 다양한 상황에서 타인과 조화롭게 지내는 기반이 됩니다. 이렇게 중요하지만, 아이가 저절로 알 수 있는 게 아니기에 부모가 알려주고 내면화할 수 있도록 도와주어야 합니다.

아이에게 반드시 가르쳐야 할 보편적 규범은 이러한

것들입니다.

웃어른께 존댓말을 쓰고, 친구나 이웃을 만나면 인사하는 '예의'.

실수로 친구를 넘어뜨렸다면, "미안해!"라고 먼저 말하고 다치진 않았는지 살펴보는 '사과'.

놀이할 때 순서를 지키고 게임판을 함부로 엎지 않는 '규칙 준수'.

사람이 사람을 때리면 안 되고 욕하면 안 된다는 '도덕 규범'.

이런 보편성을 아이가 배울수록, 타인에게 불편을 주는 일이 줄어듭니다.

### 보편적 사회규범, 어떻게 가르칠까?

아이가 보드게임에서 졌다고 게임판을 엎거나, 그네 탈 때 순서를 무시하고 떼쓰는 행동을 한다면, 부모는 "안 돼"라고 단호히 말해줘야 해요. "안 되는 건 안 되는 거야", "절대로 하면 안 되는 거야"라고 명확히 알려주어야 아이도 혼란이 없어요. 하지만 보편규범은 지시하고 야단치는 것만으로 배울 수 있는 건 아닙니다. 여러 번 가르쳐주어도 안 될 때, 계속 질서를 지키지 않을 때라면 훈육이 필요합니다. 하지만 아이에게 규범을 가르쳐주는 방식은 다양해요.

**첫째, 모델링으로 배웁니다.**

다른 사람이 하는 걸 보고 따라 하는 거죠. 부모가 모범을 보여주면, 아이는 그걸 보고 저절로 배웁니다. 부모가 먼저 줄 서는 모습, 실수했을 때 사과하는 모습을 보고 아이도 따라 줄을 서고, 실수할 때 사과해야 함을 배우는 것이지요. "엄마도 실수하니 '미안해'라고 말하는구나"라는 걸 실감하면, 아이는 자연스럽게 배워요.

**둘째, 가르침으로 배웁니다.**

사과, 양보, 협력 같은 행동은 아이에게 낯설고 어려울 수 있습니다. 싸우고도 미안하다는 말을 못 하는 아이들이 많아요. 자존심 센 아이라면 더욱 그렇죠.

"네가 먼저 내 발 밟았잖아. 네가 먼저 미안하다고 해야지."

사과의 순서를 두고 서로 따지기도 합니다. 이기고 지는 문제로 여기면 사과를 하기 어렵죠. 또 자기 잘못과 과오를 인정하는 것은 마음이 커져야 할 수 있는 일이기도 합니다. 내 생각, 내 감정만 생각하면 미안하다는 말이 안 나오죠. 양보를 억울해하는 아이들도 많습니다. 왜 나만 양보해야 하냐 싶고 손해 보려고 하지 않아요.

그런데 사과하고 양보하는 것은 내가 손해 보는 것도 아니고, 지는 것도 아니며, 희생하는 것도 아닙니다. 나와 모두를 위한 것입니다. 사과와 양보를 해본 경험이 없는 아이들은 이러한 사실을 알지 못해요. 부모의 가르침과 안내가 필요합니다.

"꼭 잘못해서 사과하는 게 아니야. 잘못한 순서대로 먼저 사과하는 것도 아니고. 사과는 미안한 사람이 하는 거야. 미안할 때는 용기 내서 미안하다고 말하는 거야."

"양보는 마음이 큰 사람이 할 수 있는 거야. 마음이 큰 사람이 기꺼이 져줄 수 있는 게 양보야."

이처럼 규범의 의미를 계속 설명해줘야 합니다. 해본 적 없는 아이들에게는 익숙하지 않은 일이므로, 꾸준한 안내가 필요합니다.

**셋째, 경험으로 배웁니다.**

"미안해"라는 한 마디 떼는 걸 꺼리던 아이도, 실제로 사과하고 화해해보면 "아, 별거 아니었네. 오히려 기분이 좋아지네!"를 경험합니다. '내가 미안하다고 하니까 저 친구도 곧장 사과하네.' '양보하니까 평화가 오네. 양보가 나에게 좋은 일이구나.' 자꾸 해보면서 규범을 지키는 것이 나한테도 이롭고 모두에게 편하다는 사실을 깨닫게 됩니다.

인사도 사과도 용서도 경청도 다 처음에는 어렵고 하기 싫지만, 자꾸 하다 보면 나중에는 저절로 돼요. 어느새 습관이 자리 잡습니다. 하기 싫어도 지키기 싫어도 그 마음을 이기고 자꾸 지키고 해보다 보면, 나중에는 규범이 당연한 것으로 몸에 배게 됩니다.

내 마음대로 했을 때 오는 안락함은 잠깐입니다. 나만 좋기보다는 다 함께 좋은 상황이 되었을 때 훨씬 풍성한 만족을 맛보게 되죠. 자존심 때문에 사과하지 않는 아이보다, 사과하고 화해할 줄 아는 아이가 더 행복합니다. 양보 없이 내 이익만 챙기려는 아이보다, 먼저 베풀고 기뻐할 줄 아는 아이가 훨씬 따뜻하고 만족스러운 삶을 누립니다.

이 사실을 우린 다 알지만, 그러한 경험을 해보지 못한 아이는 모를 수 있어요. 하기 싫더라도 할 수 있게끔 이끌어야 하는 이유입니다. 부모가 "너의 감정도 중요하지만, 다른 사람의 감정도 중요해", "싫어도 지켜야 해"라고 말해줄 수 있어야 합니다. 보편적 규범이 먼저지 네가 먼저가 아님을 가르칠 때 아이는 감정과 욕구를 넘어 사회적 책임과 협력을 배우게 됩니다. 그것이야말로 진정한 사랑의 가르침입니다.

### 사회성, 자기중심성에서 벗어나는 힘

사회성이란 자기중심성에서 벗어나 다른 사람과 조화롭게 지내는 능력입니다. 서로 맞춰가고 맞춰줄 줄 아는 능력이죠. 내가 하고 싶은 대로만 해서는 여러 사람과 잘 지낼 수 없으니까요. 내가 싫어도 지켜야 할 게 있다는 걸 배운 아이는 함께 살아갈 힘이 더 커집니다.

하지만 아이들이라면 누구나 "내가 왜 먼저 사과해야 해?", "내가 왜 양보해야 해?"하고 따집니다. 이때 부모가 아이 감정만 존중해 "그래, 네가 싫으면 안 해도 돼"라고 하면, 아이는 규범을 배울 기회를 놓쳐버리죠.

큰아이가 초등학교 1학년 때 저도 비슷한 일을 겪었습니다. 집에 손님이 오셔서 함께 외식할 식당에 가려는데, 아이가 이미 예약해둔 중식당이 자기는 싫다는 겁니다. 느끼한 음식 먹기 싫으니 다른 데로 가자며 떼를 썼죠. 손님과 어른도 계시는데 너 좋을 대로 할 수는 없는 거라고 호되게 꾸짖었습니다. 그랬더니 아이는 울고불고 대성통곡을 했어요.

그런데 뒤돌아 생각해보니 평소 저희 네 식구가 외식

할 때는 웬만하면 딸아이의 입맛과 기호대로 메뉴를 맞추어줬더라고요. 평소 늘 엄마 아빠가 자기의 욕구를 받아주었으니 다른 사람도 그럴 거라고 여긴 거죠. 부모가 늘 아이의 욕구를 존중하고 공감해주다 보면, 아이가 "내가 싫다는데 왜 안 들어줘?"라고 오해할 수 있음을 그때 깨달았습니다.

부모가 아이의 감정과 욕구를 인정하고 존중해주는 것은 중요합니다. 하지만 공감이 전부가 될 순 없습니다. 공감의 목적은 마음대로 해도 된다는 게 아니라, 감정을 잘 다루고 표현하면서 바깥세상에서 다른 사람과 잘 지낼 수 있도록 돕는 것입니다.

만약 아이가 "난 싫어!"할 때, "그래, 그러면 안 해도 돼"라고 허용해버리면, 아이는 자기중심적 태도에서 벗어나지 못합니다. 보편규범을 지키기 싫어하는 마음까지 옹호해주는 건 진짜 공감이 아니라 그저 이기심을 키우는 일이 될 수 있어요.

저는 어릴 적 부모님께 "예의 바르게 해라", "남에게

폐 끼치지 마라"라는 말을 무수히 들으며 자랐습니다. 반면 정서적 교감이나 다정한 공감은 상대적으로 적었어요. 그러다 보니 내 아이에게만큼은 따뜻한 공감과 이해를 듬뿍 주고 싶었습니다. 그런데 키워보니 아이는 공감만으로 바르게 자라는 게 아니더라고요. 공감은 육아의 극히 일부입니다.

싫어도 해야 하는 게 있다는 사실을 배우고, 자신이 맡은 몫을 해내며 다른 사람과 협력할 줄 아는 힘을 키우는 것이야말로 아이를 바르게 성장시키는 길입니다. 부모가 진정 아이를 사랑한다면, 아이의 욕구와 감정을 존중하면서도 보편적 규범과 사회적 책임을 함께 가르쳐야해요. 그것이 결국 아이의 사회성 발달을 돕는 밑거름입니다.

# 나다움을 지키면서도
# 함께 잘 지내는 법

"모나지 않고 둥글둥글하게 사는 게 좋은 거야."

이 문장에는 사회성의 핵심이 담겨 있습니다. 모난 부분은 누군가를 찌를 수 있기에 둥글게 다듬어가야 해요. 그래야 더불어 잘 지낼 수 있죠.

하지만 다듬는 게 지나쳐 본래의 모습을 훼손하지는 않아야 합니다. 둥글게 다듬어야 할 부분도 있지만, 너무 깎아내지는 말아야 하죠.

아이의 사회성을 키우기 위해서는 이기적인 태도는 고치고 다듬어가되, 개성은 펼치도록 도와주어야 해요.

자기중심성은 벗어나야 하지만 자기다움은 지켜져야 하는 거죠. 부모의 통제와 존중이 균형 있게 이루어질 때 건강한 사회성이 자랍니다.

### 단호한 통제로 가르치는 '보편성'

"인사는 해야 해."

"약속은 지켜야 해. 약속했으면 늦지 않도록 노력하자."

인사나 시간약속은 모두가 지켜야 할 보편적 규범입니다. 여기에 대해서는 부모가 때로 단호하게 통제하고 가르쳐야 합니다. 아이가 자기중심성에서 벗어나 타인을 배려하며 함께 살려면, 최소한의 규칙을 익히는 것은 필수적이에요.

부모가 보편적 규범을 가르치지 않고 오냐 오냐 키우면 아이는 자신이 하고 싶은 대로만 행동해도 된다고 여겨요. 규칙을 제대로 알려주고 훈육할 때, 아이는 '내 행동이 다른 사람에게 어떤 영향을 주는지' 자연스럽게 깨닫게 됩니다.

## 과잉 통제되지 않게 해야 할 '고유성'

반면, 부모가 무심코 행사하는 통제 중에는 과잉 통제도 드물지 않아요.

"큰소리로 인사 다시 해!"

"친구들은 밖에서 뛰어노는데 너는 왜 집에서 혼자 그림만 그리려고 해?"

"왜 이렇게 소극적이야? 너도 손 번쩍 들고 발표 좀 해."

인사하는 목소리 크기나 소극·적극적 성향은 옳고 그름의 문제가 아니라, 사람마다 다르게 타고난 고유함입니다. 누군가는 큰 목소리, 누군가는 작은 목소리가 편하고, 활발한 아이도 있지만 조용한 아이도 있습니다. 이러한 차이를 고쳐야 한다고 하면, 아이는 자기다움을 잃어버릴 수 있습니다.

부모로서는 아이가 좀 적극적으로 나서면 좋을 텐데 싶은 마음이 들겠지만, 아이의 성향을 고려하여 강제로 바꾸려 하기보다 차이를 인정해야 해요. 억지로 교정하다 보면 아이는 위축되고, 개성을 펼칠 좋은 기회도 놓칠 수 있습니다.

## 보편성과 고유성의 구분

아이가 자기중심성을 벗어나게 가르치는 건 필요하지만, 자기다움은 지켜주어야 합니다. 사람마다 다른 개별성과 고유성을 고치려고 하는 건 과잉 통제가 될 수 있어요. 꼭 필요한 통제는 아이의 사회성을 자라게 하지만, 과잉 통제는 많은 문제점을 낳습니다. 치우치지 않는 균형이 있어야 하는데 쉽지 않죠. 저 역시 처음에는 쉽지 않아 과잉 통제를 많이 했습니다. 특히 딸보다는 아들을 키우며 시행착오가 컸지요.

아들은 무척 예민한 편이라 음식이 조금만 뜨거워도 못 먹고, 딱딱하거나 물컹한 식감도 싫어해 초등학교 때까지도 음식을 뱉곤 했어요. 매운 음식도 거의 못 먹어서 떡볶이나 김치를 초4 때부터 겨우 먹기 시작했죠. 가뜩이나 키도 작고 체구도 작아서 잘 먹어야 하는데, 양을 늘려도 시원치 않을 판에 자꾸 음식을 뱉어내니 정말 속이 상했습니다.

"안 뜨거워. 식혀서 준 거야."

"이건 연한 고기야. 질기다고 뱉으면 어떻게 하니? 꼭꼭 씹어 먹어. 씹으면 다 넘어가."

처음에는 아이가 잘 먹도록 돕는 것이라고 여겼지만, 곰곰이 생각해보니 내 속 편하고자 아이를 고치려 한 것이었습니다. 실제로 아이에게는 그 온도가 뜨겁게 느껴지고, 그 고기가 질겼을 수 있지요. 나와 다른 아이의 차이를 인정하고 수용하고 나서야 "네가 뜨겁다면 정말 뜨거운 거지. 좀 더 식힌 뒤에 먹을래?", "질겨? 그러면 더 작게 잘라줄까?"라고 이해해줄 수 있었어요.

지금은 음식을 뱉는 것은 통제하지 않지만, 밥을 다 먹지 않고 간식을 먹으려 할 때는 가정 규범으로 지도하고 있어요. 밥을 다 먹어야 간식을 먹을 수 있다는 규칙을 대화로 정하고, 이 규칙을 지키도록 하고 있어요. 밥 먹는 것에 보편적 규범은 없지만, 각 가정 상황과 아이 특성에 맞는 규칙을 세우고 지키도록 지도하는 건 필요합니다.

아이가 예의 없는 언행을 하거나 약속을 어기면 "그건 옳지 않아"라고 단호히 알려줄 필요가 있습니다. 하지만 느리고 조용한 성격 같은 건 옳고 그름의 영역이 아니지요. 그저 다를 뿐이니, 강제로 바꾸려 하면 아이는 억울함을 느끼고 본래 성향도 잃게 됩니다.

예를 들어 제 아들은 무척 느긋한 반면, 저는 성격이 급합니다. 전에는 아침마다 "빨리 먹어!", "빨리 준비해!" 하며 잔소리를 퍼부었는데, 이제는 "10분 이내에 준비하면 늦지 않는다"라는 식으로 규칙만 알려주고 지켜보는 쪽을 택했어요. 그러자 아이도 점차 시간 감각을 익히고, 저 역시 잔소리가 줄어들어 서로 편해졌습니다.

자기중심적 태도에서 벗어날 때, 아이의 자기다움이 더욱 빛납니다. 사람마다 다른 개성이 어우러질 때, 각자의 색깔이 살아나면서도 부딪힘 없이 함께 지낼 수 있으니까요.

결국 보편적 규범은 분명하게 가르쳐주되, 아이 고유의 개성은 그 자체로 소중하다는 걸 잊지 않아야 합니다. 틀림은 고쳐나가고, 다름은 존중받을 때 아이는 보편적이면서도 자기다운 모습으로 성장합니다. 부모가 통제와

존중의 균형을 지키면 아이의 사회성은 한층 더 건강해
질 것입니다.

# 아이의 사회성을 키울 때
# 고려해야 할 '보편성과 고유성'

|  | 보편성 | 고유성 |
|---|---|---|
| 내용 | 보편적 사회규범, 상식 | 고유한 성향, 기질, 감정, 기호, 욕구 |
| 예시 | 예의, 약속, 사과, 양보 | 내향/외향, 소극적/적극적, 개성 |
| 구분 | 옳고 그름의 영역 | 다름의 영역 |
| 특징 | 모나지 않게 깎아야 할 부분 | 키우고 펼쳐야 할 부분 |
| 부모의 목표 | 통제와 훈육 | 차이를 존중 (과잉 통제 지양) |
| 목표 | 자기중심성에서 벗어나기 | 자기다움 지키기 |

# 마음에 들지 않는 친구와
# 어울리는 아이를 볼 때

저희 아이는 친구라면 가리지 않고 다 좋아했지만 엄마인 저는 아이 친구가 다 좋은 건 아니었어요. 솔직히 정이 안 가는 아이들이 있어요. 직업이 초등학교 교사였던지라, 아이들의 문제 행동을 빠르게 눈치채다 보니 거슬리는 일도 많았답니다.

**[초1 아이 엄마의 고민]**

한 친구가 우리 아들에게 막 대해요. 아들은 거의 그 친구가 해달라는 대로 해줍니다. 물 갖고 오라고 하면 갖다주고, "내 공이니까 네가 주워 와"라고 하면 시키는 대로 해요. 봉이다 싶을 만큼 끌려다니는 걸 보니 제 마음이 너무 답답합니다.

그런데 문제는 아들이 그 친구를 좋아한다는 거예요. 친구가 심부름 시키고 짜증 부릴 때도 있지만, 같이 놀면 재미있고 자기한테 먼저 다가와 주는 게 좋대요.

같은 태권도 학원에 다녀서 마치면 곧장 노는 게 일상인데, 학원을 옮겨서라도 떼어놓아야 하나 싶기도 합니다. 어떻게 하는 게 좋을까요?


저도 두 아이 키우며 비슷한 고민을 한 적 있어요. 저희 아이와 방과후 수업을 같이 하던 친구가 있었는데, 수업 마치고 꼭 그 친구를 집으로 데리고 왔어요. 그 친구 학원 스케줄 사이에 30분 정도 텀이 있다 보니 우리 집에 와서 시간을 보냈어요. 그런데 학원에 갈 때면 늘 우리 애한테 자기를 학원까지 데려다 달라고 했답니다. 아이는 기꺼이 친구를 학원까지 바래다주었고요. 심지어 학원 가방을 들어주길래 왜 그러냐고 했더니, 친구가 들어달라고 했대요. 친구 부탁을 들어주는 게 뭐 어떠냐고 하는데, 난감했어요. 부탁에도 선이 있다는 걸 아이는 모르고 있었습니다.

## 친구 사이에도 꼭 지켜야 할 보편규범

친구 사이에도 지켜야 할 보편적인 규범이 있습니다. 이런 기본 규범을 알지 못하면, 아이는 무리한 부탁을 당연히 받아들여 자기 권리를 못 지키기도 하고, 또 그러한 상태가 지속되면 친구는 배려를 당연하게 여기고 더 무리한 걸 요구할 수 있어요. 잘못 학습한 아이가 다른 친구에게 똑같이 무리한 부탁을 해 갈등을 일으킬 수도 있고요.

어떤 아이와 놀든지 간에 적용되는 보편규범을 꼭 가르쳐줘야 합니다. 아이가 "이게 맞을까?" 하고 헷갈릴 때, 부모가 "그건 아니야. 그 친구가 스스로 해야 할 일이야"라고 명확히 말해주는 거죠.

"친구는 심부름꾼이 아니야. 서로 부탁은 할 수 있지만, 시키고 시키는 대로 하는 관계는 아니야."

"부탁에도 선이 있어. 내가 할 수 있는 일은 스스로 해야지, 친구에게 떠넘기는 건 무리한 요구야. 친구가 팔을 다쳤다면 네가 들어줄 수 있지. 하지만 스스로 할 수 있는 건 본인이 해야 해. 너도 네가 할 수 있는 거라면 친구한테 부탁하면 안 돼."

친구는 대등한 관계입니다. 힘의 균형이 깨져서 누군가 우위가 되고 열위가 되면 좋은 친구로 지낼 수 없어요. 아이들은 사회적 경험치가 적다 보니 어느 한쪽으로 치우침이 생길 수 있습니다. 부모가 가르쳐줄 때 힘의 균형 감각을 찾아갈 수 있어요.

### 감정과 기호는 존중, 스스로 깨달을 날이 온다

그렇다고 해서 "그 친구랑 놀지 마!"라고 단칼에 차단해버리는 건 위험합니다. 이건 부모의 주관이 개입된 통제이지 보편적 규범에 대한 통제가 아니에요. 부모의 주관에 따라 통제하면 아이는 몰래 만나거나, "우리 엄마가 너 싫대", "엄마가 너는 우리 집에 데려오지 말라고 했어"

같은 말로 친구에게 상처를 줄 수도 있어요.

아이는 나름대로 그 친구가 재미있고 좋은 면이 있으니 함께 노는 것입니다. 엄마가 모르는 부분도 있어요. 시간이 지나고 서로에 대해 알다 보면, 아이가 나름대로 결정을 할 수 있을 거예요.

저희 아이는 한동안 그 친구와 붙어 지냈습니다. 제가 보기에는 이해 안 되는 부분이 있었지만, 아이는 그 친구와 꽤 오래도록 잘 놀았어요. 하지만 2학기가 되자 그 친구를 더 이상 집에 데려오지 않았죠. "이제 그 친구랑 방과 후 수업 같이 안 해?"라고 묻자 "같이 해. 근데 나랑 잘 안 맞아"라고 답했죠. 서서히 자연스럽게 멀어지더라고요.

서운함도 겪고 억울할 일도 생기는 게 세상살이입니다. 내 아이만 비켜갈 수 없어요. 당장 떼어놓고 억지로 친구와 멀어지게 할 수는 있겠지요. 그렇게 하면 엄마 속은 편해지지만, 아이는 배움의 기회, 깨달을 경험을 잃는 거예요. 언제까지 엄마가 친구를 걸러줄 수는 없어요. 몸소 배우는 시간이 훗날 소중한 자산이 될 겁니다.

## 내 아이도 누군가에게 불편한 친구일 수 있다

사실 저희 아이도 친구 집에 놀러 가는 걸 참 좋아했는데, 저는 오히려 우리 집에 오는 게 편하더라고요. 특히 아들 녀석은 더욱 그랬죠. 혹시라도 남의 집에 가서 예의 없게 굴지는 않을까, 뭘 두고 오지 않을까 신경이 쓰였거든요.

아들이 사회적인 발달이 또래에 비해서 늦어요. 초등학교 5학년인 지금도 주어 목적어를 생략해서 말하고, 젓가락질도 서툴고, 많이 흘리고 묻히고 먹고, 물건도 빠뜨리는 일이 잦아요. 그런 아들 녀석의 서툰 면을 원래 아이는 다 그렇다고, "괜찮아, 또 놀러 와" 하며 너그럽게 받아주는 친구 엄마가 계실 땐, 정말 고마움을 느꼈어요. 저역시 너그러운 마음으로 아이 친구들을 바라봐야겠다는 생각을 합니다.

우리 아이도 다른 집에 가서 예의 없이 굴거나, 자기중심적으로 행동할 때가 분명히 있을 거예요. 어린아이는 모두 미숙하고, 자라면서 실수를 통해 배우는 중이니까요. 그럴 때 만약 상대 부모가 "쟤는 왜 저래?" 하고 내 아이를 판단한다면, 우리도 속이 상하겠죠. 마찬가지로, 내가 별로 좋아하지 않는 그 아이 역시 미성숙하지만 서서히 배우고 있는 존재라는 걸 떠올려 보면 좋겠습니다.

내 아이에게 그러하듯, 다른 아이에게도 넉넉하고 너그러운 시선이 필요합니다. 우리 아이도 누군가에겐 불편한 친구일 수 있어요. 그 친구도 내 아이도 다 크면 안 그럴 겁니다.

부모가 해줄 일은 기본 규범을 가르치면서도, 아이가 친구 관계 속에서 자기가 필요한 깨달음을 얻도록 기다려주는 것입니다. 엄마가 다 걸러줄 수는 없어요. 엄마인 내 친구가 아니라, 아이 친구니까요. 때론 답답해도, 그 울퉁불퉁한 경험 속에서 아이는 성장하기 마련입니다. 부모가 조금 마음을 내려놓고 지켜봐 주면, 아이는 한 걸음씩 배움을 얻어갈 거예요.

# 친구를 집에
# 자주 초대하면
# 아이에게 좋을까?

인간은 사회적 동물임을 아이를 키우며 더욱 실감합니다. 학교에서 친구와 잘 지내면 표정부터 밝아지고, 갈등이 생기면 시무룩해지죠. 그만큼 아이들이 또래에게 받는 영향이 커서, 부모들은 자녀가 친구를 잘 사귈 수 있도록 부단히 노력합니다. 엄마들 모임에 나가고, 직장을 잠시 쉬거나 그만두기도 하고, 집으로 친구를 초대해 함께 놀 수 있는 기회를 만들어주려고 하지요. 그런데 친구와 많이 놀게 해주는 것으로 아이의 사회성이 좋아질까요?

**[유치원생 외동을 키우는 엄마의 고민]**

"우리 아이가 외동이라 친구랑 노는 경험이 부족해요. 그
래서 제가 더 적극적으로 엄마들 모임에 나가고, 친구도
자주 초대하려고 해요. 유치원 같은 반 엄마랑 친해져서
각자의 집으로 오가며 아이들 놀이 만남을 갖게 해줍니다.
그런데 아이가 친구와 같이 노는 걸 너무 기대하고 좋아하
지만, 막상 놀다 보면 자꾸 부딪히네요. 두 번 중 한번은 싸
우는 거 같아요.

어떤 날은 잘 조율되지만, 또 다른 날은 결국 울음이 터지
거나 '다음에 놀자'며 아이를 데리고 가버리는 상황으로
끝나기도 해요. 어떻게 도와주면 좋을까요?"


큰애는 제가 초등학교 교사로 일하면서 키우느라 친
구 초대나 생일파티 같은 걸 못 해줬어요. 주변에 아는 엄
마도 없었고요.

둘째는 7세 때부터 제가 휴직했고 이후로 사직을 해서
친구 초대를 정말 원 없이 해줬어요. 둘째와 같은 반 친구
들을 거의 한 번씩은 다 집에 데리고 온 것 같아요. 여러

엄마와 두루 교류했고, 1학년 생일일 때는 그 반 남자애들 다 불러서 파티를 성대하게 해줬죠.

그런 경험을 바탕으로 보면 부모가 나서서 또래와 놀기회를 늘려주는 건 어느 정도 도움이 되긴 해요. 함께 놀다 보면 친밀감이 생기고, 때때로 부딪히면서도 그 과정을 통해 배움을 얻으니까요.

하지만 놀이경험이 다 사회성으로 연결되는 것은 아닙니다. 놀이동산에 자주 간다고 해서 사회성이 길러지지 않는 것과 같은 이치예요. 아이가 매번 즐거워하고 잘 노는 듯 보여도, 저절로 사회성이 자라는 것은 또 아니에요.

### 부모가 해야 할 핵심 역할: 규범 지도와 갈등 중재

친구와의 어울림이 질 높은 상호작용으로 이어지려면, 갈등이 생길 때에 부모가 어느 정도 지도를 해줘야 합니다. 아이들끼리만 놀게 두면 간단한 말다툼이 크게 번지거나, 한쪽이 일방적으로 손해를 보는 상황이 반복될 수 있어요. 그렇다고 "싸웠으니 오늘은 끝. 집에 가자"라고만 하면, 아이는 갈등 해결 과정에서 배워야 할 것을 놓치게 됩니다.

아이들끼리 어울리다 보면 충돌이 생기기 마련이고, 그때 어떻게 조율하고, 보편적 규범과 예의를 배우는가에 따라 사회성이 키워집니다. 아이들은 아직 서로의 감정을 살피며 대화로 풀어가는 법을 잘 모릅니다. 따라서 부모가 "다음엔 어떻게 하면 좋을까?", "상대가 이렇게 말할 때는 어떤 마음일까?"를 함께 생각해보도록 이끌어야 합니다.

"너도 하고 싶은 게 있지만, 친구도 자기 의견이 있어. 같이 놀려면 너만이 아니라 친구도 좋아야 해."

이런 식으로 부모가 대화를 유도하면, 아이들은 점차 타인의 감정을 고려하고 규범과 예의를 익히게 됩니다.

한편, 모임이 잦다 보면 엄마들끼리 육아관이 달라서 갈등이 생기기도 합니다. 예컨대, 우리 집은 비눗방울 놀

146

이는 실내에서 금지이지만, 다른 집은 괜찮다고 할 수 있어요. 아이들끼리 거친 말을 주고받을 때, 어떤 엄마는 "그렇게 말하면 안 돼. 예쁘게 말해야지" 하고 제지하는 반면, 어떤 엄마는 "애들이 뭐 그럴 수도 있지" 하고 대수롭지 않게 넘길 수도 있습니다. 상식이 사람마다 가정마다 달라요. 서로 다르게 생각하는 부분을 그때그때 대화로 맞춰가는 것이 쉽지는 않지요.

하지만 자주 교류하는 친구라면 가정 내 서로의 규칙을 알려주고 조율하는 과정은 필요합니다. "우리 집은 비눗방울은 밖에서만 불어야 해"처럼 우리 집의 바운더리를 정확히 알리는 거지요. 내키지 않는 행동을 참기만 하면, 결국 아이도 엄마도 부담만 커집니다. 바운더리를 지키면서 서로 존중하는 선에서 만남을 이어갈 때, 아이는 건강한 사회성을 배울 수 있습니다.


### 사회성은 부모-자녀 관계에서 시작된다

부모가 여러모로 친구 관계를 지원해주고 규칙도 잡아주며 중재를 도와준다 해도, 가장 중요한 건 집 안에서

부터 갈등 해결 경험을 쌓는 일입니다. 아이들은 대체로 부모와의 관계를 통해 갈등을 다루는 기본 기술을 배웁니다. 부모와 함께 웃고 놀고, 속상한 일이 생기면 얘기해서 푸는 경험을 하면, 함께 하는 건 좋은 거고 갈등이 생겨도 대화를 해서 풀 수 있다는 게 아이의 신경망에 새겨져요. 반대로 부모와 아이 사이에서 문제가 생길 때마다 윽박지르고 야단을 치는 것으로 정리를 하면, 아이는 다른 사람과 관계에서 문제가 생길 때 소리를 지르거나 주눅이 드는 방식으로 대응하게 되죠.

부모와 원만하게 감정을 표현하고, 대화로 문제를 해결하는 연습을 충분히 해둔 아이일수록, 또래와의 갈등도 성숙하게 풀어갈 수 있지요.


친구 초대는 '짧게 자주'

부모는 아이들이 함께 오래 놀면 더 친밀해질 거라고 기대하지만, 실상은 반대일 때가 많아요. 오래 놀다 싸우고 결국 울고 헤어지는 경우가 드물지 않습니다. 아이들은 시간과 공간에 대한 지루함을 빨리 느끼거든요.

친구 집에 와서 처음 한두 시간은 새로운 놀이감을 탐색하며 즐겁게 놀아요. 그런데 시간이 지나면 새로운 공간에서의 즐거움도 끝이 납니다. 그래서 탐색이 끝나면 확장이 일어나야 하는데 애들은 이게 잘 안 돼요. 확장에 관한 생각도 아이마다 다르니 티격태격 다툼이 일어날 수 있습니다. 그래서 놀이시간과 친해짐은 비례하지 않아요. 시간보다 놀이의 횟수가 더 중요합니다.

한 번에 오래 놀기보다 적당한 시간, 여러 번 노는 것이 친밀감 형성에 도움이 됩니다. 초등 1학년의 경우 두세 시간 이내가 적당하고, 네 시간은 넘지 않는 게 베스트입니다. 점심때 왔으면 저녁 먹기 전까지, 저녁때 왔으면 자기 전까지면 되겠죠. 만약 자주 시간 맞추기 어렵다면 중간에 놀이터나 키즈카페, 영화관 등으로 장소를 옮기는 것도 방법이지요.

정리하면, 부모가 친구를 초대해주고 함께 놀 기회를 만드는 것은 의미가 있습니다. 그러나 놀이 기회가 사회성을 보장하진 않습니다. 놀이 속에서 갈등이 생기면 어떻게 풀어가면 좋은지, 무리한 요구는 어떻게 거절해야 하는지를 배우는 과정에서 사회성이 자라요.

"나는 일등, 너는 꼴찌라고 하면 친구가 속상할 수 있어."
"그건 예의가 아니야."
"서로 조금씩 양보해야 계속 같이 놀 수 있어."

이런 작은 교육의 순간들이 쌓여 사회성이 자라납니다. 아이가 집에서 부모와 갈등을 풀어보는 연습이 충분하다면, 친구들과 부딪히는 상황에서도 좋게 대화로 풀어갈 것입니다.

# 엄마들 모임이 불편한데,
## 꼭 참여해야 할까?

    초등학교 저학년 시기에는 엄마들이 아이 친구를 만들어주기 위해 부지런히 나서는 경우가 많습니다. 엄마들끼리 친해지면 자연스럽게 아이들 놀이 약속으로 이어지는 일이 흔하니까요. 그런데 모든 엄마가 이런 교류를 편하게 여기고 적극적으로 즐기는 건 아닙니다. 성향이나 생활 방식에 따라 도무지 안 맞는다고 느낄 수도 있고, 하고 싶어도 시간 내기 어려워 못 하는 경우도 있지요.

## [모임 활동이 활발해지는 초1 엄마의 고민]

제가 워낙 조용하고 붙임성이 좋은 편이 아니라 사람들한테 다가가고 친해지는 걸 잘 못해요. 파트타임으로 일도 하고, 시험 준비도 하다 보니 시간이 없기도 했고요. 아이가 학교에 간 그 시간이 제가 집중해서 공부할 수 있는 유일한 때이다 보니 엄마들 모임에 시간을 내기 어려운 상황이기도 합니다.

유치원까지는 이렇게 지내도 별문제가 없었는데 초등학교에 들어가니 또 다르네요. 유치원에서 해줬던 생일파티를 이제는 알아서 알음알음으로 하더라고요. 엄마들끼리 생파도 하고 돌아가면서 파자마 파티도 해주고, 캠핑도 다니는 모양이에요. 저는 아는 엄마, 친한 엄마가 없다 보니 저희 아이는 초대를 못 받아요.

학교에서 친구들과 잘 어울리고 친구 관계에 트러블도 없는데, 학교 밖 생일파티나 파자마 파티를 부러워하는 아이를 보면 안쓰럽네요. 엄마가 사회성이 없어서 애한테 피해를 주는 게 아닌가 싶어서요.

성향이 안 맞고 시간이 없어도 아이를 위해 시간을 쪼개고 억지로라도 노력해서 엄마들과 친분을 쌓아야 할까요? 뭐가 맞는지 모르겠어요. 너무 어렵네요.

아이의 친구 엄마들과 알고 지내는 게 아이에게 좋은 면은 있어요. 특히 초등 저학년 시기까지는 생일파티, 캠핑 같은 특별 이벤트가 자주 열리고, 아이에게 다양한 놀이와 경험을 할 기회가 늘어요.

그런데 단점도 있어요. 아이들끼리 자주 만나 놀게 하면 갈등이 생기기 마련인데, 이때 서로 의견을 조율하고 대화로 풀어간다는 게 쉽지만은 않아요. 부모의 도움이 필요한데, 이 과정에서 엄마들끼리 육아관이 잘 맞으면 괜찮지만 생각이 다른 경우도 있거든요. 원만히 화해가 이루어지지 않으면 아이들뿐 아니라 엄마들끼리도 서먹해질 수 있어요. 아이로 인해 맺은 인연이 아이로 인해 틀어지기도 합니다. 겉으로 엄마들끼리 다 친해 보여도 그 속에 더 친한 사람이 있어요. 서로 비교하고 깎아내리는 일도 잦고 뒷담화도 많아요.

엄마들 모임, 장단점이 명확하고 정답은 없어요. 꼭 해야 한다는 이점은 없습니다. 사람마다 성격과 상황이 달라서 어떤 엄마에겐 즐겁고 유익한 모임이 될 수 있지만, 다른 엄마에겐 피곤하고 부담스러운 시간이 될 수도 있어요. 다음 세 가지 관점에서 내 고유한 성향을 살펴본다면, 엄마들 모임이 나에게 맞는지 어느 정도 가늠해볼 수 있어요.

### 첫째, 외향 vs 내향

엄마들 모임은 다수의 인원이 모이는 경우가 많아요. 외향형이라면 여러 사람과의 수다가 즐겁지만, 내향형이라면 자극이 많은 환경에서 금세 에너지가 방전되죠.

### 둘째, 공유된 세계 vs 나의 세계

엄마들 모임은 아이 교육, 학원 정보, 동네 병원, 맛집, 반찬, 영양제, 다이어트처럼 서로 공유된 세계와 정보를 중심으로 이야기 나눌 때가 많아요. 이런 화제가 내 관심사에 맞다면 즐겁게 낄 수 있지만 그렇지 않다면 대화가 지루할 수 있어요.

### 셋째, 다자관계 vs 일대일의 관계

엄마들 모임은 대부분 여럿이 모이는 다자관계입니다. 다자관계에서는 깊이 있는 이야기가 오가긴 쉽지 않아요. 마음 깊은 얘기를 나눌 수 있는 일대일의 만남을 선호하는 사람이 있는가 하면, 일대일의 만남을 부담스러워하는 분도 있어요. 만약 일대일 만남을 선호하고 편안함을 느낀다면 엄마들 모임이 공허하고 피곤할 수 있죠.

엄마가 자신의 성격적 에너지를 아는 것이 중요해요. 제 경우엔 엄마들 모임이 상극이다 싶을 만큼 안 맞았어요. 저는 내향적인 성격이라, 회식도 1차까진 괜찮지만 2차로 넘어가는 순간부터 에너지가 바닥나고, 3차에 노래방까지 가게 되면 완전히 기진맥진해집니다. 사람들 앞에서 강의도 하고 아이들을 가르쳤으니 외향인으로 보지만, 그건 학습된 거지 천성은 아닙니다.

게다가 저는 제 세계가 뚜렷한 편이에요. 책을 쓰는 작업도 제 세계에 머물러 사색한 결과물이죠. 여럿이 모여시시콜콜한 일상 이야기를 나누기보다 혼자 글을 쓰면서 얻는 기쁨이 커요. 그래서 엄마들 모임에서 자주 오가는 가벼운 이야기들이 제게는 공허하게 느껴졌고, 자연스레 섞이기 어려웠습니다.

다자관계가 주를 이루는 모임 특성상, 깊이감 있는 얘기를 나누기 쉽지 않다는 점도 저와는 잘 맞지 않았어요. 물론 아이를 위해, 사회적 필요에 의해서 하긴 했지만, 모임에 다녀오면 기가 빨려서 정작 아이와 시간을 보내는 데 힘이 부치더라고요. 그러다 보니 '이게 정말 맞는 걸까?' 하는 회의감이 들고는 했지요.


엄마들 모임은 필수 아닌 선택

이제 큰애는 중학생이고 둘째는 5학년이라 엄마들끼리 만남을 할 일이 많지 않으니 저로서는 너무 좋습니다. 자기들끼리 약속 잡아서 놀고, 집에 친구를 데려와도 저는 간식만 챙겨주면 되니 편해요.

엄마의 친분으로 아이들 친구를 만들어주고 놀이 경험을 갖게 해주는 게 계속 지속되지는 않아요. 대개는 초등 저학년까지죠. 학년이 올라가면 자기에게 맞는 친구를 찾아가요. 엄마가 붙여줘도 자기들끼리 안 맞으면 안 놀죠. 고학년쯤 되면 생일파티도 알아서 좋아하는 친구만 불러요. 주말에는 마음에 맞는 친구들끼리 약속 잡아서 놀고요. 엄마가 발 벗고 나서지 않아도 되는 날이 옵니다. 엄마들 모임의 영향력은 한때고 시절인연도 많아요.

엄마들 모임은 필수가 아닌 선택이에요. 성향과 맞지 않아 지치고 스트레스만 받는다면, 굳이 무리할 필요 없어요. 아이가 어리면 친구의 빈자리를 부모가 채워줄 수 있습니다. 엄마들 모임에 쓸 에너지를 아이에게 쏟아주세요. 부모인 내 성향을 잘 알고, 내가 기쁘게 할 수 있는 선에서 해주는 게 최선이에요. 엄마가 기쁘고 편안해야 아이도 함께 웃을 수 있으니까요.

# 결국 사회성의 시작은
# 아이의 인성

흔히 친구가 많고 사교적인 아이를 보면, 사회성이 좋다고 여깁니다. 그러나 사회성은 겉으로 드러나는 모습이나 친구의 숫자만으론 다 알 수 없습니다. 친구가 많아 보여도, 실제로는 이기적인 태도로 상대방을 배제하거나 상처를 주는 경우가 있기 때문이죠.

**[영악한 대장질]**

그룹을 이끄는 똑똑한 아이지만, 자기보다 약한 친구를 얕보고 함부로 합니다.

**[여왕벌 엄마]**

모임을 주도하고 아이들 학원, 체험활동, 파티 등을 적극적으로 추진하지만 뒷말을 일삼고 은밀히 편을 가르고 특정 엄마를 배제하기도 합니다.

**[교활한 정치질]**

인사성 밝고 적극적으로 직장생활을 하지만, 윗사람에게만 잘 보이는 식으로 줄타기를 합니다. "다 같이 잘해봅시다"라고 하지만 사실 본인 혼자 잘 되는 것에만 관심 있죠. 유용한 정보를 입수하면 독점하고 동료의 공적을 가로채는가 하면, 팀의 성과를 자신의 공으로 포장합니다.

이들은 언뜻 보면 인맥이 넓고 주변에 사람도 많아 사회성이 좋아 보일 수 있습니다. 그러나 사실은 자신에게 이득이 될 만한 사람만 챙기고, 그렇지 않은 사람은 대놓고 무시합니다. 강자 앞에서는 약하고, 약자 앞에서는 강한 태도를 보이며 이해득실을 철저히 따지지요. 단기적으로 보면 세상살이에 잘 적응하는 것 같지만, 사람 사이에서 진짜 마음을 나누지 못합니다. 필요할 때만 다정했다가, 필요가 없어지면 금세 등을 돌리기도 합니다.

평소 무뚝뚝하고 말투가 퉁명스러워도, 모든 사람에게 똑같이 무뚝뚝하다면 "성격이 저렇구나" 하고 대개 넘어갑니다. 하지만 어떤 사람에게는 다정하고, 또 다른 사람에게만 냉랭하게 군다면, 이건 단순히 성격 문제가 아니라 '인성 문제'로 보게 됩니다. 특정 소수에게만 친절하고 다른 이들을 무시하는 차별적인 태도에 상처받는 사람이 생기게 마련이죠.

사교성이 좋고 적극적인 아이는 처음 친구를 사귀는 데 분명 유리합니다. 내향적이거나 눈치가 조금 부족한 아이보다는 빠르게 친분을 쌓지요. 하지만 금세 친구를 만들 수 있다는 것만으로는 부족합니다. 주변 사람을 진심으로 아껴주지 못한다면, 결국 신뢰를 잃고 관계가 멀어질 수밖에 없습니다.

결국 진정한 사회성이란 '함께 살아가는 힘'입니다. 예의를 알고, 상대를 존중할 줄 알며, 내 이익만 우선이 아니라 모두를 귀하게 여기는 마음이 기반이 되어야 오랫동안 관계를 유지할 수 있어요. 반대로 인성이 뒷받침되지 않으면, 아무리 사교적이어도 결국 주위에 사람이 남지 않게 됩니다.

사교적인 기술이나 매너가 다소 서툴더라도, 배려심이 있고 다른 사람을 귀히 여기는 아이라면 차츰 대화법이나 관계 맺는 요령을 배우며 사회성이 좋아질 가능성이 큽니다. 하지만 인성이 준비되지 않은 상태에서 얻은 인기나 인맥은 모래성처럼 쉽게 무너질 수 있다는 걸 잊지 말아야 합니다. 누구도 인성이 나쁜 사람을 곁에 두고 싶어 하지는 않지요. 사람을 차별하고 자신의 이익만 챙기려 드는 사람과는 거리를 둘 수밖에 없습니다.

알면 알수록 진국이라고 느껴지는 친구는 대부분 인성이 바른 사람입니다. 혹시 처음에 사교 기술이 부족해서 관계 맺기가 서툴더라도, 착한 심성과 상대를 대하는 따뜻한 태도 덕분에 시간이 지날수록 호감이 쌓이죠. 반면, 바른 인성 없이 화려한 말솜씨와 매력으로만 사람을 사로잡아서는 언젠가 신뢰가 깨져 곁에 아무도 남지 않

을 수 있습니다. 내 아이가 오래도록 좋은 인연을 맺고 건
강하게 성장하기를 바란다면, 무엇보다도 '인성 교육'을
최우선에 두어야 하는 이유가 바로 여기에 있습니다.

2장

# 나를 지키는 힘,
# 적정 공격성

# 착하기만 한 아이가 아니라,
# 거절할 줄 아는 아이로

친하다는 이유로 무례하게 구는 아이들이 있습니다.
예를 들면 이런 경우죠.

허락 없이 휴대폰 사진을 훑어보고 "우리 사이에 뭘~"
이라고 넘깁니다. (프라이버시 침해)

"얘가 요즘 누구 좋아하는지 아냐? 말해줄까?" (사생활
무단 공개)

"너 공부 잘하잖아. 보고서는 네가 써." "너 용돈 많다
며, 좀 사." (반복적 빌붙기)

아무리 친한 사이라고 해도 넘지 말아야 할 선이 있습니다. 이 선을 '경계, 바운더리'라고 하지요. 이러한 경계는 눈에 보이지 않고 모호해서 쉽게 간과할 수 있지만, 친구 관계를 맺는 데 매우 중요합니다. 어릴 때부터 경계를 인식하도록 가르쳐야 해요. 그래야 친하니 괜찮다는 식으로 무례를 합리화하지 않아요.

　　누군가 내 경계를 침범할 때 어떻게 대응해야 하는지도 일찍부터 배울 필요가 있어요. 사실 무례함이나 무리한 요구에 잘 대응하는 건 어른에게도 어려운 일입니다. 노골적으로 싫은 내색을 해서 상대를 무안하게 하는 것도, 아무 말도 못 하고 불편함을 감내하는 것도 바람직하지 않아요. 지나치게 몰아세우면 분위기를 해칠 수 있고, 그렇다고 계속 참고만 있으면 만만히 보고 무례가 계속될 수 있습니다. 적절한 균형을 잡으려면 내면의 힘이 있어야 해요. 이를 적정 공격성이라는 개념으로 설명할 수 있습니다.

적정 공격성이란?

공격성이라는 말을 들으면 타인을 해치거나 마음대로 휘두르는 행동을 떠올리기 쉽습니다. 하지만 그건 공격성이 과잉된 상태죠. 공격성이 적절하면 내 감정을 솔직히 드러내고 필요할 땐 거절할 줄 아는 건강한 자기주장을 할 수 있어요.

| 공격성 과잉 | 때리거나 욕하는 등, 타인에게 피해를 주는 행동 | 문제 행동이 있어 눈에 띄고 통제와 교정이 필요함 |
|---|---|---|
| 적정 공격성 | 타인을 먼저 공격하지 않되, 누군가 부당한 요구·공격을 할 땐 맞서서 자기를 지키는 힘 | 문제 행동 없음 |
| 공격성 결핍 | 부당한 대우에도 제대로 표현하지 못하거나, 다른 사람의 공격으로부터 자신을 방어하지 못하는 상태 | 도움이 필요하지만 겉으로 드러난 문제 행동이 없으니 그냥 지나치기 쉬움 |

공격성은 없애야 할 나쁜 힘이 아니라, 나를 지키고 잘못된 것을 바로잡을 수 있는 에너지이기도 합니다. 적정 공격성이란 공격성이 너무 많지도 않고 부족하지도 않은 균형 잡힌 상태를 말합니다. 다른 사람을 무작정 공격하진 않지만, 내 바운더리를 침해당할 땐 자신을 보호할 줄 아는 태도이지요.

### 적정 공격성, 나를 아는 데서 시작된다

무례한 친구가 반복적으로 경계를 침범하는데도 '괜히 분위기 망칠까봐……'라는 이유로 참고만 있다면 어떨까요? 불편한 감정을 누르고만 있으면 속에 계속 쌓이다가 어느 순간 폭발합니다. 그러면 "왜 이렇게 사소한 걸로 화를 내냐?"라는 소리를 들을 수 있어요. 하지만 사실은 사소한 게 아니라, 오랫동안 쌓인 불편함이 터진 것이죠.

내가 내 감정을 제대로 모르면, 표현해야 할 순간에도 무작정 억눌러버리거나, 반대로 사소한 일에 과하게 분노하는 상황이 생길 수 있습니다. 자기를 모르면 공격성의 양극단을 오갈 수 있어요. 따라서 내 감정을 스스로 알아차리는 것이 중요합니다.

"이건 불편해."

"나는 왜 짜증이 날까?"

이렇게 자기 상태를 인식하고 불쾌함을 표현할 줄 알면, 무작정 억누르거나 갑자기 폭발하지 않고 건강한 대화로 문제를 풀 수 있습니다. 입으로 직접 말하기가 어렵다면 메시지나 편지로라도 의사를 전할 수 있지요. 이처럼 자기 인식은 건강한 자기주장, 적정 공격성의 바탕입니다.


적정 공격성, 어떻게 키워줄 수 있을까

"누가 너 때리지? 너도 똑같이 때려."

"누가 한 대 때리면 넌 두 대 때려."

"너한테 욕을 해? 걔 이름이 뭐야?"

"큰돈도 아니고 천 원이니까, 그냥 넘어가. 그리고 앞으로 걔랑 상종하지 마. 친구한테 돈을 뺏는 애는 친구도 아니야."

이런 식의 극단적인 대응책은 문제를 근본적으로 해결하지 못합니다. 부모는 아이가 스스로 자기 기준을 세우도록 옆에서 조언하고, 최종 대응은 아이가 결정하게 도와주는 편이 좋습니다. 그래야 아이가 부당함에 맞서 자신을 지킬 수 있는 내면의 힘을 기를 수 있어요.

처음엔 적정 공격성이라는 단어가 낯설고 거칠게 들릴 수 있지만, 실제론 친구 관계에서 무례한 일을 당하거나 반대로 욱할 때 자기와 관계를 동시에 지키는 중요한 힘이 됩니다.

갈등 상황이 벌어졌을 때, 내 감정이 어떤지 파악하고, 어느 정도로 표현할지, 어떻게 상대에게 메시지를 전달할지를 적절히 결정하는 기술이 바로 적정 공격성의 핵심입니다.

친구와 즐거운 순간도 있지만, 생각과 욕구가 충돌하는 순간도 필연적으로 찾아옵니다. 그런데 내 감정을 몰라 헷갈리거나, 말해도 되는지 확신이 없어 입을 닫아버리면 어떨까요? 뭔가 나쁘긴 한데 굳이 화내면 문제 생길까 망설이다 그냥 참다 보면, 불편함이 쌓여 결국 사이가 서먹해질 수 있습니다. 반면, 제때 내 불편함을 알아차리고 적정선에서 "이건 좀 힘들어"라고 표현할 줄 아는 아이는, 갈등 상황에서도 자기를 지키고 관계까지 지킬 수 있습니다. 서로의 생각과 감정을 조율하며 더 탄탄한 친밀감을 쌓을 수 있게 되지요.

균형 잡힌 공격성을 길러 간다면, 불편한 일이 생겼을 때 무리하게 참거나 혹은 감정 과잉으로 불화를 일으키지 않고, 더욱 친밀한 관계를 쌓아갈 수 있을 거예요.

때로는 갈등이 관계를 더 단단하게 만들어주는 계기가 되기도 합니다. 갈등에 대처하는 핵심은 내 마음을 먼저 알고 적절히 표현할 줄 아는 공격성입니다.

# 욱하는 아이에게 필요한 건 '감정을 다루는 법'

＊

　뜻대로 일이 풀리지 않을 때 욱하고 물건을 던지거나 고함을 지르는 아이들이 있습니다. 공격성 과잉의 전형적인 모습인데, 화가 나면 곧바로 상대를 공격하는 형태로 반응하는 것이 특징이지요. 사람 사이에서 마땅히 지켜야 할 보편적 규범을 어기는 행위이므로, 반드시 교육과 지도가 필요합니다.

　**[초1, 보드게임을 하고 있는 상황]**
　게임에서 지자 게임판을 걷어찹니다.

**[초2, 젠가놀이를 하고 있는데 친구가 모르고 뒷걸음치다가 부딪혀서 젠가가 와르르 쏟아진 상황]**

"야! 아 뭐냐고!!"라고 소리를 지르며 젠가를 던집니다.

**[초5, 모둠 활동에서 역할을 정하는데 자신의 의견이 받아들여지지 않은 상황]**

책상을 세게 밀치며 "나 안 해. 너희들끼리 해. 니들 마음대로 해!"라고 합니다.

공격성 과잉인 아이는 주변 친구들에게 모난 애, 제멋대로인 애, 자꾸 시비를 거는 애, 화내고 욱하는 애라고 인식됩니다. 친구들은 괜히 얽히면 피곤하다며 거리를 두고, 안 건드리는 게 상책이라 여기기도 합니다. 이런 아이는 친구 관계에서 문제가 잦고, 주로 싸움을 거는 쪽이 되죠. 그런데 정작 본인은 이유를 모른 채 "왜 친구들이 나를 안 좋아하지? 왜 나를 피하지?" 하고 상처를 받기도 합니다.

공격성 과잉인 아이, 어떻게 가르쳐야 할까?

공격성 과잉인 아이들은 교실에서 기피대상 1호입니다. 따라서 부모의 적극적인 개입이 필요합니다.

**첫째, 단호한 통제**

아이가 친구 사이에서 마땅히 지켜야 할 규범과 규칙을 지키지 않는다면, 부모는 단호히 통제해야 합니다. 폭력을 쓰지 않는다는 건 사람과 사람 사이에 반드시 지켜야 할 사회규범입니다. 안 되는 건 안 된다고 딱 잘라 못하도록 가르쳐야 해요. 안 된다고 단호히 통제하는 건 부모가 꼭 해야 할 교육적 통제입니다.

**둘째, 부모의 불안을 아이에게 투사하지 않기**

아이가 잘못된 행동을 할 때 부모의 훈육은 꼭 필요합니다. 하지만 아이를 위협하거나 미래의 불행으로 겁주는 방식은 곤란해요.

"너 이러면 왕따 돼. 친구들이 다 싫어해."

"너 무서워서 누가 너랑 친구를 하겠니? 다 도망가지."

"친구를 때리면 너도 똑같이 때려줄 거야."

"네가 이러면 아무도 네 곁에 남아있지 않아."

이러한 말들은 아이 문제를 바로잡는 것이 아니라 내 불안을 아이에게 투영하는 것입니다. 불안은 엄마 아빠가 감당해야 할 몫이지, 아이의 몫이 아니에요. 미래 불행 예측으로 아이를 위협하는 방식은 아이에게 불안감만 키웁니다.

지금 아이의 행동이 무엇이 잘못됐고, 왜 문제인지 알려주고, 어떻게 바꿀지 구체적으로 가르쳐주세요.

**셋째, 즉각적 행동 교정**

상황 속에서 즉시 지금 왜 안 되는지, 그리고 어떻게 해야 하는지를 알려주는 게 가장 효과적입니다.

"화난 기분은 이해하지만, 네가 그렇게 하면 너로 인해 친구가 상처받아."

"화났으면 말로 해야지, 물건을 던지면 안 돼."

이런 식으로 정확히 짚어주면, 아이가 당장 고쳐야 할 부분을 인식하고 바꿀 기회를 가집니다.

아이를 통제하는 목표는 문제 행동을 바로잡는 것이지, 아이에게 수치심을 주거나 겁주는 데 있지 않습니다. 미래의 가능성으로 협박하기보다, 왜 안 되는지, 어떻게 하면 되는지를 즉시 가르쳐주어야 아이가 보편적 가치를 배워갈 수 있어요. 그렇게 공격성을 건강하게 다루게 되면 친구 관계도 점차 안정되고 자신감도 높아질 거예요.

# 말 못 하고 끙끙 앓는 아이,
## 속마음 읽기

어릴 때부터 아들 녀석은 당차지 못했습니다. "너는 내 부하 해"라는 말에 아무 대꾸를 못 하는가 하면, "너네 엄마한테 전화해서 너네 집에서 놀겠다고 해"라는 황당한 요구도 그냥 따라주곤 했지요. 키도 체구도 또래에 비해 작은 아이가 남자애들 사이에서 치일까봐 저는 늘 걱정이 됐습니다. 좀 강해지라고 태권도와 축구도 시켜봤지만 다 몇 달을 못 채우고 그만뒀어요.

"싫으면 싫다고 해야지!"

"가만히 있으면 어떻게 해? 그러면 더 만만히 본다니까!"

이렇게 다그친 적도 많아요. 그런데 어느 날 아들이 눈물을 글썽이며 "엄마, 내가 미안해"라고 하더라고요. "네가 왜 미안해? 엄마에게 미안해할 일이 뭐가 있어?" 하지만 아들은 계속 미안하다는 말만 반복했습니다. 비슷한 상황이 또 생겼을 때도 당차게 말하지 못했다는 이유로 엄마 기대에 못 미쳤다는 죄책감을 느끼는 것 같았어요.

사실 아이가 엄마의 기대를 충족시킬 이유는 없습니다. 또 제가 정말로 원하는 것도, 아이가 엄마가 시키는 대로 하는 게 아니라 자기 삶을 자기답게 잘 사는 것이죠.

### 아이의 착한 마음을 소중히 여겨주기

싫으면 싫다고 말해야 한다는 건 사실 꼭 지켜야 할 보편적 규범은 아닙니다. 아이가 남에게 피해를 주거나 무례하게 군 것도 아니니까요. 무례한 요구에 대처하는 방식은 사람마다 다릅니다. 어떤 사람은 딱 잘라 "싫어"라고 말하지만, 어떤 사람은 그런 말 내뱉기가 어려울 수도 있어요.

그런데 "왜 싫다는 말도 못 해? 바보 같아!" 식으로 다그치면, 아이는 '난 왜 강하게 말하지 못할까, 난 바보인가 봐', '나는 왜 이렇게 약해 빠졌을까?' 하고 자기비난에 빠질 수 있습니다. 힘이 없는 상태에서 자기비난까지 더해지면, 아이는 더 움츠러들 뿐이죠.

아이에게 힘을 주는 건, 있는 모습 그대로 수용받는 경험입니다.

"엄마도 예전엔 놀림 받으면 속상해서 울 때 많았어. 그럴 수 있지."

"갑자기 새치기당하면 당황해서 아무 말 못 할 수도 있어."

"너만 그런 게 아니야"라는 메시지를 주면, 아이는 "내가 이상한 게 아니구나" 하고 안도해요. 연약함을 품어줄 때 아이는 오히려 안정감을 찾고 그다음 단계로 나아갈 힘을 얻습니다.

착하고 여린 건 잘못이 아닙니다. 오히려 인정 많은 성격은 축복이기도 하지요. 다만 주변에 그런 따뜻한 마음을 얕보는 친구들이 있을 때가 문제입니다. 아이가 가진 여린 마음을 귀하게 여겨주는 사람이 한 명은 있어야 해요. 그래야 세상을 살아가면서 힘든 경험을 이겨낼 힘이 생깁니다.

### 아이의 맥락을 따라가야 아이에게 맞는 대처법을 찾는다

감정을 수용 받았다고 해서 바로 아닌 건 아니라고 거절할 수 있는 건 또 아닙니다. 아이마다 성향과 방식이 다르니까요. 아이에게 딱 맞는, 실천 가능한 대처법을 찾기 위해서는 많은 대화가 필요합니다.

"그 친구에게 아무 말도 못 했던 거랑 하고 싶은 말 했던 것 중에 어느 쪽이 더 편했어?"

"그때로 돌아간다면, 친구에게 뭐라고 말해주고 싶어?"

이렇게 아이의 시선으로 묻고 들어주니, 아이의 세계를 이해할 수 있었습니다. 제 아들은 번번이 간식을 사달라고 조르는 친구에게 단칼에 "안 돼!"라고 하는 걸 미안해했습니다. 차라리 "천 원짜리면 사줄 수 있어", "내가 돈 빌려줄게, 내일 갚아" 같은 타협을 편안해했죠. 대신 술래를 해달라는 요구에도 "그런 게 어딨어?"라고 뚝 잘라 말하기보다는 "규칙대로 하자"가 아들다운 표현 방식이었지요.

이런 식으로 아이의 맥락을 따라가며 아이가 해볼 수 있는 표현을 함께 찾으면, 아이는 조금씩 자기다운 대응 멘트를 만들어갑니다.

공격성 결핍인 아이는 절대 다그치지 마세요. 아이의 맥락을 이해하고 그 안에서 해볼 만한 해법을 찾도록 돕는 게 훨씬 효과적입니다.


강한 아이들에게 치이는 여린 아이를 키우는 부모는 고민이 많아요. 학년마다 담임선생님께 다른 반 되게 해달라고 요청하고, 방과후 수업 관두고, 학원을 옮기는 경우도 있죠. 그런데 이런 식으로 피해버리면, 아이가 맞서는 연습을 해보지 못해요. 학년이 올라가고 환경이 달라져도 비슷한 문제가 반복될 수 있어요. 피하는 건 능사가 아닙니다.

자기 방식대로 맞서보는 경험이 쌓여야 합니다. 처음엔 만만하게 보던 친구들도, 아이가 용기 내 맞서기 시작하면 금세 태도가 달라지거든요.

아이의 고유한 성향에 맞는 대처법을 함께 고민해주는 부모가 있다면, 아이는 자기만의 문제 해결법을 터득해나갈 것입니다.

# 오래도록 좋은 관계를
# 유지하는 비법

"어쩜 이렇게 상식이 없어?"

여러 사람을 만나다 보면 상식이 없다는 생각에 의아해질 때가 있습니다. 물론 실제로 보편적 규범을 어기는 경우도 있습니다. 그런데 가만히 살펴보면 '내가 생각하는 상식'과 '상대가 생각하는 상식'이 서로 달라 갈등이 생기는 경우도 많습니다. 사람마다 편안해하는 범위, 즉 바운더리가 다르기 때문입니다. 상대방이 불쑥 다가오는 행동을 나는 무례하다고 여길 수 있고, 반대로 나는 별것 아니라고 생각했던 일이 상대에겐 큰 부담일 수 있죠. 이런 차이를 말하지 않으면 서로 오해만 커집니다. 특히 가까운 사이일수록 경계(바운더리)를 분명히 지키고 표현하는 게 얼마나 중요한지, 아래 사례를 통해 구체적으로 살펴보겠습니다.

**[무례한 부탁을 받은 엄마의 고민]**

아이들끼리도 잘 놀고, 엄마들끼리도 마음이 잘 맞아 금세 가까워진 친구 엄마가 있는데요. 자기는 운전을 잘하지 못한다고 해서 어디 갈 때면 제 차로 같이 다녔어요. 같은 단지이고 한 차로 움직이는 게 편하기도 해서 쭉 그렇게 해왔는데, 얼마 전 자기 아이 학원 라이딩을 해줄 수 있느냐고 하더라고요.

"내가 운전이 서툴잖아. 애들 같은 학원이니까 앞으로 우리 애도 같이 데려와 줄 수 있어?"라는데 너무 황당했어요. 사실 같은 학원이고 끝나는 시간도 같으니 못 해줄 일은 아니었지만 이건 아니다 싶어서 거절했어요. 앞으로도 동네에서 자주 마주칠 수밖에 없는 관계라 그냥 참아야 하나 생각도 들었지만, 선을 긋지 않으면 앞으로 더 불편해

질 것 같더라고요. 제가 야박한 걸까요? 상대 엄마가 너무
한 걸까요?


아이 등하원은 기본적으로 부모 책임입니다. 피치 못
할 사정이 있다면 부탁은 할 수 있지만, 학원 라이딩을 당
연하다는 듯 요구하는 건 보편적이지 않아요.

예의, 책임, 약속 지키기처럼 사람 사이에 지켜야 할
규범이 있어요. 처음 만나는 사람과는 누구나 조심스럽고
예의를 차리기에 이러한 규범이 비교적 잘 지켜집니다.
하지만 친해지고 나면 그 경계가 무너질 때가 있어요.

그런데 친하다고 무례가 허용되는 건 아닙니다. 오히
려 친할수록 더욱 예의를 지켜야 해요. 그래야 오래도록
건강한 관계를 유지할 수 있어요.


### 명확히 내 바운더리를 알려주기

아이 학원 라이딩을 요구하는 건, 호의를 권리처럼 여
기는 태도입니다. 괜찮지 않음에도 '상대가 섭섭해할까
봐' 혹은 '괜히 껄끄러워질까봐' 억지로 들어주면 어떻게

될까요? 처음엔 참아도, 시간이 지나며 불만과 억울함이 커지기 마련입니다.

바운더리는 안전하고 편안한 관계 유지를 위해 필요한 경계입니다. 서로가 편안하고 안전한 범위를 지키도록 돕는 장치죠.

나에게 기쁨이 전혀 없고 부담만 큰 요구라면 "미안하지만 그건 힘들겠어"라고 말해도 전혀 야박하지 않습니다. 오히려 친한 사이에서 이런 바운더리를 표현하는 건 관계를 보호하는 효과가 있습니다. 명확히 내 바운더리를 보여줌으로써 상대방도 더 주의하고, 예의를 지키려고 노력할 수 있으니까요.

이후의 관계는 내가 아닌 상대방이 어떻게 하느냐에 따라 달라집니다. 만약 상대가 내 바운더리를 잘 받아들이고 존중한다면, 좋은 관계로 지낼 수 있겠죠. 서로의 선을 알고 조심하고 배려하니 갈등이 줄고 편안한 범위가 늘어나는 겁니다.

하지만 얘길 했는데도 선 넘은 요구를 한다면, 그건 바운더리에 대한 존중이 없는 거죠. 말이 안 통하는 사람은 바로 이런 사람입니다. 안 부딪히고 살려면 멀리하는 수밖에요.

모르는 사람보다 친한 사람의 무례가 더 힘듭니다. 길에서 부딪힌 사람이 사과도 안 하고 지나가면 분명 기분 나빠요. 하지만 다시 볼 일 없는 사람이니 대수롭지 않게 잊을 수 있어요. 그런데 친한 사람, 내가 신뢰를 쌓아온 사람이 무례하게 굴면 배신감과 실망감은 훨씬 더 큽니다.

정말 오래가는 우정은 가까울수록 서로 예의와 경계를 지키는 관계입니다. 보편적 상식을 잘 지키고 내가 허용할 수 있는 바운더리를 알고 그것을 분명히 표현할 때, 건강한 관계를 키워갈 수 있습니다.

# 농담이라며 비꼬는 말,
# 그냥 넘어가도 될까?

농담은 본래 사람 사이를 부드럽게 만들고, 관계에 웃음을 더해주는 윤활유 같은 역할을 합니다. 그런데 가끔 "농담인데 뭘 그래?"라는 말을 방패 삼아 상대를 불쾌하게 하거나 기를 꺾는 경우가 있습니다. 사실 이런 말은 진정한 유머가 아니라, 상대의 감정을 무시하는 '무례'일 때가 많지요. 사람을 깎아내리는 식의 농담은 관계를 즐겁게 해주기보다는 오히려 깨뜨리는 쪽으로 작용할 수 있습니다.

## [초등시기]

친구의 SNS사진을 보며 다 들리게 말합니다. "오글거려 완전. 근데 뭐, 넌 공주 취향이니까~ 장난이야!"

표면적으로 '장난'이라는 말을 덧붙였지만, 사실은 다름을 인정하지 않고 자기 기준으로 판단해서 상대를 불편하게 하는 말입니다.

## [청소년기]

"네가 100점? 시험이 쉬웠나봐. 아니면 선생님이 봐주셨거나. 하하!"

열심히 공부한 성과를 깎아내립니다. 겉으로는 농담이라고 하지만 실제로는 친구의 노력과 실력을 인정하지 않는 것이지요.

## [엄마들 모임]

"너희 신랑 피규어 수집해? 너는 애를 둘 키운다. 외동이지만 너는 나라에서 다자녀 혜택 받아야 해. 하하하."

취미나 취향을 비꼬며 농담으로 마무리하지만, 실제론 상대의 흥미를 무시해 감정적 상처를 줍니다.

학교나 직장, 엄마들 모임을 막론하고, 상대의 취향이나 능력을 깎아내리며 농담으로 합리화하는 사람이 있어요. 문제는, 여기에 기분 나쁜 내색을 하거나 반박하면 오히려 유머도 모르는 답답한 사람, 예민한 사람으로 몰아간다는 것이지요.

"왜 이렇게 예민해?"

"장난인데 왜 화를 내냐?"

"너무 예민하게 굴지 마."

"웃자고 한 말에 죽자고 달려들지."

이런 말을 들으면 '내가 괜히 심각하게 구는 걸까?', '내가 좀 참을 걸 그랬나' 하고 헷갈려요. 애써 대수롭지 않게 넘어가려고 하는 이유죠. 하지만 참기만 해서는 상황이 나아지지 않아요. 어린아이들은 사회적 경험이 부족해 제대로 대응하지 못하고 속만 끓이는 경우가 많죠. 이럴 때 부모의 도움이 필요합니다.

### 농담형 무례는 두 번 선을 넘은 것임을 알려주기

내가 농담이라 하더라도 상대방이 모욕감을 느낀다면 그것은 무례함입니다. 또 취향이나 취미, 능력은 제각각 다른 고유성의 영역이에요. 다름을 존중하지 않고 비꼬는 것 역시 무례입니다. 상대방의 취향이나 능력을 깔보거나 비꼬는 첫 번째 무례, 상대가 불편해해도 "농담인데 왜 그래?"라며 타박하는 건 두 번째 무례지요.

즉, 취향이나 능력을 깎아내리는 순간부터 이미 선을 넘었고, 그걸 농담이라고 포장하며 불편함을 무시하는 건 또 한 번 선을 넘는 것임을 아이에게 알려줘야 합니다. 그래야 자신도 조심하고, 누가 그런 말을 했을 때 헷갈리지 않을 수 있어요.

"취향이나 능력을 깎아내리는 건 이미 선을 넘은 거야. 거기에 사과는커녕 '너는 왜 예민해?' 하고 탓하면 두 번째 선까지 넘는 거야. 무례한 말인데 농담이라고 포장하는 건 옳지 않아."

## 내가 불편하고 기분 나쁘다면 무례임을 알려주기

예의, 배려, 양보 등의 사회규범이 모두가 지켜야 할 공통된 기준이라면, 바운더리는 사람마다 제각각 다른 개별적 허용의 범위입니다. 어떤 아이는 장난으로 별명을 불러도 대수롭지 않게 넘기지만 어떤 아이에겐 별명 자체가 큰 상처일 수 있습니다. 사람마다 달라요. 중요한 건, "나는 이건 불편해"라고 표현하지 않으면 상대는 계속 같은 행동을 할 수 있다는 사실입니다. 부드럽게, 그러나 분명하게 표현해야 상대도 조심하거나 고치려는 기회를 얻습니다.

"누가 농담이라고 해도 네가 싫고 불편하다면 그건 이미 무례야. 너무 예민한 건지 고민되면, 먼저 정말 웃긴지 아니면 불쾌한지 스스로에게 물어봐."

"왜 이렇게 예민해?"라는 비난을 들어도, 내 감정이 불편하다면 그건 무례라는 걸 알아야 합니다. 내 감정에 대한 확신이 있어야 당당히 대처할 수 있어요. 어느 선까지 괜찮고, 이 이상은 안 된다는 나만의 경계를 인식하는 게 중요합니다.

부드럽지만 분명하게 말하기

"그 말, 재미없어."

"농담이라도 그런 말 듣기 싫어."

"알겠는데, 안 웃겨."

"잠깐만, 듣고 보니 기분 나쁘네."

"나는 네가 좋지만, 이런 말을 들을 때는 당황스러워."

"내가 싫다고 하는데도 계속 그렇게 말하는 이유가 뭐야?"

"나는 즐겁지가 않아. 왜 이런 식으로 웃기려고 하지?"

부드러운 표정, 그러나 확실한 의사전달을 하는 겁니다. 이 행동은 받아들이지 않는다는 경계를 확실하게 알려야 해요. 불편한 감정을 분명히 표현하고, 중단을 요구하는 것이 핵심입니다.


무례가 반복될 경우 거리 두기

친구가 계속 같은 식으로 무례하게 굴면, 대화를 통한 해결이 어렵다는 의미일 수 있습니다. 그럴 땐 거리를 두는 결정도 필요하지요.

"네가 아프면서까지 지켜야 할 관계는 없어. 정말 안 되겠다
싶으면 조금 물러나서 나를 지키는 것도 필요해."

또한, 부모나 교사 같은 신뢰할 만한 어른에게 도움을
청하도록 가르쳐야 합니다. 아이 혼자 해결이 불가능한
상황에서 성인의 도움을 구하는 건 고자질이 아니라 건
강한 자기 보호라고 알려주세요.

농담이라면 모두가 즐거워야 합니다. 누군가 상처받
았다면 이미 무례인 거예요. 아이가 "이건 아니야"라고
말하고 필요하면 거리 두기를 하도록 격려해주세요. 이
런 경험이 쌓이면 아이는 무례함 앞에서 흔들리지 않고
자신의 마음을 지킬 수 있을 거예요.

# 무리한 부탁을 하는
# 친구에게 부드럽게
# 거절하는 연습

"넌 정말 착해."

"구름이, 너는 착해서 좋아."

착한 아이는 누구나 좋아합니다. 착함은 분명 다른 사람과 원만히 지낼 수 있는 좋은 자질이지요. 하지만 착한 것과 거절을 못 하는 것은 다른 문제입니다. 친구의 부당한 요구에도 거절하지 못하는 건 착한 게 아니라, 자기 목소리를 내지 못하는 것이죠. 즉, 공격성 결핍 상태일 수 있습니다.

**[초1, 술래를 대신 해달라는 부탁을 거절하지 못하는 상황]**

가위바위보로 술래를 정했음에도 "네가 나 대신 술래 해주라. 한 번만. 나 정말 술래하기 싫어서 그래"라는 친구의 부탁에 거절하지 못하고 술래를 대신 해줍니다.

**[초2, 실내화 주머니를 들어주는 상황]**

"내 실내화 주머니 들어줘"라는 말에 그대로 들어주는 아이. "넌 참 착해. 나는 네가 착해서 좋아."

다음 날도 친구는 실내화 주머니를 들어달라고 하고 아이는 별다른 저항 없이 친구의 부탁을 들어줍니다. 날이 갈수록 실내화 주머니를 들어주는 게 당연한 게 됩니다.

**[초3, 친구가 조르자 요구대로 해주는 상황]**

편의점에서 친구가 "나 이거 사줘"라고 요구.

"아, 제발. 너 착하잖아. 나 이거 꼭 먹어보고 싶었단 말이야."

친구가 조르고 조르자 울며 겨자 먹기로 간식을 사주고 맙니다.

모두 부탁이라고 하지만 사실상 무리한 요구를 해오는 경우입니다. 착한 친구가 되기 위해 무리한 요구를 받아들이게 되는 아이들이 적지 않습니다. 우리는 때로 남에게 좋은 평판을 얻기 위해, 혹은 나쁜 평판을 피하고자 나의 목소리를 놓치고 맙니다. 거절을 못 한다는 건 곧 내 목소리를 놓치고, 나에게 중요한 욕구를 포기한다는 의미입니다. 사실은 들어주고 싶지 않은데 친구가 원하기 때문에 응하는 식이죠.

　　그런데 진정한 착함은 남을 위하는 동시에 나도 위하는 태도여야 해요. 남을 배려하는 동시에 내가 괜찮은지 나를 챙기는 태도가 뒤따라야 합니다.

　　부모가 "싫으면 싫다고 해!"라고 조언할 수 있지만, 아이가 실제 상황에서 그렇게 말하기는 쉽지 않습니다. 정색하며 거절하자니 어색하고, 완곡하게 거절하자니 표현 방법이 떠오르지 않아 당황스러워지죠.

　　무리한 부탁, 어떻게 거절할까?
　　친구가 무리한 요구나 곤란한 부탁을 하지 않도록 가

르치는 것도 필요하지만, 부모가 아이에게 거절하는 법을 알려주는 것도 중요합니다.

부모가 아이와 짧은 상황극을 해보며 실제로 말하는 연습을 시켜줄 수 있습니다. 짧은 사과나 완곡한 표현 + 명확한 거절 의사 + 간단한 이유나 대안을 곁들이는 연습을 해보는 거죠.

"착한 거랑 이걸 해주는 거랑은 다르지 않아?"

"그건 네가 책임져야 할 일이잖아."

"내가 사정이 있어서 이번에는 힘들어."

아이들은 "거절했다가 친구가 서운해하면 어쩌지?" 하는 불안을 가지기도 합니다. 하지만 건전한 우정은 간단한 거절로 깨지지 않습니다. 오히려 내 마음을 존중해주는 친구와는 더 건강한 관계를 이어갈 수 있어요.

착함은 분명 멋진 미덕이지만, 과잉 희생이나 거절 불가 상태로 이어지면 아이가 심적으로 지치고 힘들어질 수 있습니다. 착하게 사는 것과 예스맨이 되는 건 다릅니다. 남을 위하는 동시에 나를 챙기는 태도야말로 진정한 착함이라는 사실을 아이에게 알려주세요.

# 순간적인 대응력은
# 반복된 경험에서 나온다

아들이 친구를 집에 데려왔어요. 꼬마 손님은 꼬리를 흔들며 반기는 우리 집 강아지보다 장바구니에 담긴 딸기 상자에 눈길을 줍니다.

"와~ 딸기다! 이모, 저 딸기 제일 좋아해요."

"어, 그래. 이모가 씻어줄게."

친구도 딸기 킬러인가 보네요. 아들 녀석은 입이 짧아 과일도 잘 안 먹는데, 큰애는 과일 킬러예요. 요즘 딸깃값이 비싼데 오늘따라 유독 비쌌습니다. 마트에서 살지 말지 고민하다 큰애 생각이 나 집어 들었던 딸기였습니다.

시장 가방 안에 우유, 빵, 요거트, 과자도 있는데, 하필 값이 후덜덜하게 비싼 딸기를 달라고 합니다. 순간 멈칫했어요.

'친구 엄마라는 사람이 꼬마 손님에게 과일을 내면서 아까워해? 치사하게 굴지 마. 이러는 거 아니야.' 그리고 쿨하게 딸기 한 상자를 씻어 예쁜 접시에 담았습니다.

"얘들아, 이리 와. 딸기 먹어."

먹는 걸 즐기지 않는 아들 녀석은 역시 잘 안 먹더라고요. 친구가 다섯 개 먹을 동안, 한 개 중 절반만 베어 먹고 오물거리길래, "너도 좀 잘 먹어봐. 친구는 이렇게 잘 먹잖아. 잘 먹어야 키 커"라고 채근했죠. 그래도 아들의 속도는 그대로고, 친구의 속도를 따라잡을 수 없었어요. 딸기 한 접시가 순식간에 사라지고 아들 친구가 말합니다.

"이모, 더 주세요."

"어? 더 없는데? 다 준 거야?"

"아, 아쉽다."

아쉽다는 한마디에 제 마음에 불편함이 올라왔어요.

'딸기 한 상자를 다 먹었는데 아쉬워? 누나 것까지 다

줬는데? 너 기쁨이 누나가 딸기 얼마나 좋아하는지 아니? 이럴 땐 있지, 이모 잘 먹었습니다고 하는 거야.'

마음의 소리가 폭발했지만 집어삼켰죠. 친구 집에 놀러 온 여덟 살 꼬마에게 마흔 넘은 친구 엄마가 할 소리가 아니니까요. 표정 관리를 해가며 "아쉬워? 친구, 딸기 진짜 좋아하는구나"라는 말로 겨우 수습했죠.

꼬마 손님이 돌아가고 소파에 누워 곰곰이 생각해보았습니다. 그날따라 유난히 피곤하고 심란하더라고요. 별것도 아닌 일에 나는 왜 불편한 건가 생각해보았습니다. 하루가 멀다고 친구를 집에 데려오는 아들 녀석 탓인 건지, 아니면 친구 집에 놀러 와 딸기를 달라고 한 친구 탓인 건지. 둘 다 아니었습니다. 아들이 친구를 데리고 오는 것도 좋고, 간식을 주는 것도 제 즐거움이에요. 결국 무엇 때문에 불편한 건지 이유를 찾지 못한 채 딸기 사건은 종결됐습니다.

그 뒤로도 아들 녀석은 집에 친구들을 숱하게 데려왔고 딸기 사건처럼 갑자기 불편해지는 순간은 이후로도 여러 번 있었습니다. 그런 비슷한 일들이 반복되면서 저는 친구 초대에 대한 경험치가 쌓였고 점차 대처 요령을 터득해갔습니다.

간식은 한 접시에 몽땅 주지 않고 한 명 한 명 자기 몫을 다른 접시에 따로 담아줍니다. 개수를 세어 똑같이 주고 더 먹고 싶어 하면 더 줍니다. 각자 먹는 속도와 양이 다르니까요.

먹는 속도가 빠른 아이가 다른 아이 몫까지 먹어버리면, 나머지 아이는 서운하고 억울해하더라고요. 미리 정해주면 "이모, 쟤가 혼자 다 먹었어요!"라는 말도 줄어들고, 모두가 편해져요. 이게 모두에게 공평한 방식 같습니다.

또 딸기를 좋아해서 더 달라는 아이가 있으면 제가 허용할 수 있는 범위를 알려줍니다.

"딸기 좋아하는구나. 이모가 줄게. 누나가 딸기를 엄청나게 좋아해서, 누나 거 남기고 줄게."

"더 먹고 싶어? 근데 누나가 너무 기대할 거 같아서 딸기 말고 이모가 다른 간식 줄게."

이제 여덟 살 아이인데, 욕심부릴 수 있어요. 그럴 때는 줄 수 있는 양을 말해주면 되는 거더라고요. 제가 기쁘게 줄 수 있는 정도까지만 내어주니 마음 불편할 일이 생기지 않았습니다.

　　전에는 이런 얘기를 못 했습니다. 그러니까 제 불편함은 아이 친구가 딸기를 다 먹고 아쉬워해서가 아니었습니다. 제가 치사한 사람이어서도 아니었습니다. 내 바운더리를 모르는 것, 그래서 분명히 말하지 못한 데서 생긴 거죠. '이만큼은 괜찮은데, 이건 좀 곤란해'라는 걸 미리 말했으면, 상대방도 무례하단 소릴 듣지 않고, 저도 치사해지는 순간을 피할 수 있었겠죠.


　　'내가 왜 그때 아무 말을 못 했을까?'라고 후회하며 자다가 이불킥을 한 순간이 있나요? 관계에서 순발력 있게 대처하지 못하는 건 경험 부족에서 비롯되는 일이 많아요. 사회성이 부족해서도 아니고, 내가 문제여서도 아니고, 그저 관계 속에서의 경험이 부족한 거예요.

　　누구나 처음은 서툴러요. 비슷한 상황을 여러 번 만나

고 부대끼면서 경험치가 쌓이면 즉흥적이고 순발력 있는 상황적 대처가 가능해져요. 다 경험의 힘입니다.

나이 사십이 넘어서도 사소한 상황 속에서 불편한 점을 부드럽게 말하는 법을 경험을 통해 배워갑니다. 하물며 자라는 아이들은 어떨까요? 아이들도 아직 어리고 부족하니 부딪히고 억울해도 보고 실수도 하며 '아, 이건 내 선을 넘어서는구나', '이건 친구가 싫어하는구나'를 조금씩 익혀갑니다. 갈등을 헤쳐나가는 과정에서 사회성이 자라납니다.

갈등을 부모가 막아주거나 대신 해결해주면, 아이들은 대처 능력을 배울 수 없습니다. 아이가 친구와의 관계에서 겪는 다툼과 갈등도, 사회적 감각과 바운더리 설정을 배워가는 기회이자 배움의 과정입니다. 그러한 경험 속에서 저마다의 바운더리를 만들어가며 어른이 되어갈 것입니다.

# 3장

# 관계 속 은밀한 괴롭힘
# 대응법

# 말보다 더 아픈 건,
# 눈에 보이지 않는 상처

폭력이란 신체적·언어적으로 친구에게 직접적으로 해를 입히는 행동입니다. 예를 들면 주먹으로 때리거나 돈을 빼앗는 행동, 혹은 심한 욕설이나 모욕과 같이 눈에 보이는 공격이죠.

학교폭력 예방교육으로 아이들이 직접 때리거나 노골적으로 괴롭히는 일은 많이 줄었다고 합니다. 실제로도 겉으로 드러나는 학교폭력 건수는 점차 감소하는 추세입니다. 그런데 정작 은밀하고 보이지 않는 방식으로 친구를 괴롭히는 사례는 오히려 늘어나고 있습니다.

은밀한 괴롭힘이란, 직접적인 폭력 없이 사람을 매개로 간접적인 상처를 주는 방식을 말합니다. 특정 친구를 따돌리는 것이지요. 귓속말로 험담하거나 나쁜 소문을 퍼뜨리거나, 누군가를 왕따로 몰아가거나, 모임에서 의도적으로 배제하는 행위가 대표적입니다.

문제는 이러한 은밀한 괴롭힘이 가까운 부모나 교사도 쉽게 알아차리지 못할 정도로 교묘하다는 겁니다. 심리학에서는 이를 관계적 공격성(Relational Aggression)이라고 부르는데, 3장에서는 바로 이 '보이지 않는 폭력', 즉 은근하고 은밀하게 사람을 괴롭히는 관계적 공격성에 대해 알아보려 합니다.

**[초2 여학생 은따 사례]**

햇님이를 둘러싸고 몇몇 친구들이 귓속말을 주고받으며 키득댑니다. 햇님이에게 다가오는 친구가 보이면, "야, 우리랑 놀자"라며 슬쩍 빼 내가는 식으로 은근한 배제를 반복해요. 햇님이가 "왜 자꾸 날 비웃어?"라고 따지면, "내가 언제? 그냥 웃은 거야. 웃지도 못 해?"라며 잡아떼기도

합니다. 표면적으론 욕이나 직접 폭력이 없지만, 햇님이는
외롭고 소외감을 느껴요.

**[초6 여학생 은따 사례]**

달님이는 4인 무리와 지내지만, 어느 순간부터 본인을 빼
고 셋이서 주말 약속을 잡아 마라탕을 먹고, 인생네컷을
찍는 등 함께 놀러 다니는 걸 알게 됐어요. 용기를 내 "나
도 마라탕 좋아하는데. 나한테도 같이 가자고 해주지"라
고 물으면, "너 맨날 학원 가잖아. 넌 공부하느라 바쁜 줄
알았어"라는 답이 돌아옵니다.

실제론 달님이는 주말에 학원을 가지 않지만, 의도적으로
달님이를 배제하는 모습이지요. 직접적으로 "너랑 안 놀
아", "쟤 빼놓고 우리끼리 가자!"라고 한 적은 없지만, 실
상 친구를 은근하게 소외시키는 관계적 공격의 전형적 패
턴입니다.

**직접적 괴롭힘 vs 은밀한 괴롭힘, 무엇이 다를까?**

그렇다면 왜 이런 식으로 은밀하게 친구를 괴롭히는 걸

까요? 은밀한 괴롭힘(관계적 공격성)과 직접적 괴롭힘의 차이와 이유는 크게 세 가지 측면에서 비교할 수 있습니다.

### 첫째, 신체적 힘 vs 관계적 힘

직접적 괴롭힘은 신체적 힘의 우위를 차지하는 아이에 의해 우발적으로 벌어지는 경우가 많습니다. 힘이 센 아이가 욱하는 성격으로 분노를 폭발시키면, 그보다 힘이 약한 쪽이 일방적으로 피해를 당하게 되지요.

반면 은밀한 괴롭힘은 사교성, 인맥, 사회적 영향력의 차이에서 비롯됩니다. 여러 사람과 친밀하고 인기가 많은 아이가, 그 관계의 힘을 무기로 삼아 자신의 마음에 안 드는 친구를 배제하는 식이지요. 반대로, 소극적이거나 주변 친구가 상대적으로 적어 관계의 힘을 못 쓰는 아이의 경우 표적이 되기 쉽습니다.

### 둘째, 충동성 vs 인성

직접적 괴롭힘의 주된 원인이 충동 조절, 감정 조절 미숙이라면, 은밀한 괴롭힘은 보통 인성과 공감 능력의 미숙과 밀접하게 연관됩니다. 친구가 많고 사교성이 좋다 하더라도 다 관계적 힘을 휘두르는 건 아니거든요. 본인이 가지고 있는 사교성과 친화력을 기반으로 소외된 사람에게 먼저 손을 내밀고, 새로 온 친구에게 먼저 말을 걸면서 적응을 도와주는 경우도 많아요.

문제는 사교성과 친화력은 좋은데 인성이 받쳐주지 않는 경우에 생깁니다. "내가 싫어하는 애를 너도 싫어해"라고 부추기거나, 자기 마음에 안 드는 친구를 집단에서 몰아내는 식이죠. 사교성과 친화력, 집단과 관계의 힘을 나쁜 방향으로 쓰는 거죠. 인성이 자라지 않은 아이의 경우 사회적인 영향력을 무기 삼아 다른 친구를 공격하는 방향으로 악용할 수 있습니다.


**셋째, 명확함 vs 모호함**

"선생님, 구름이가 하늘이 때려요."

"구름이가 저한테 멍청이라고 했어요."

"구름이가 오천 원 빌려 갔는데 준다고 하고 계속 안 줘요."

직접적 괴롭힘은 이렇게 객관적 증거가 명확합니다. 목격자도 나오고 사실관계를 분명히 확인할 수 있어 교사나 보호자가 곧장 개입하기 쉬운 편이죠.

그런데 관계적 공격성은 무척 모호합니다. 은밀하게 이뤄지고, 겉으로는 티가 안 나니 증거나 목격자를 찾기가 어렵습니다.

"안 째려봤는데?"

"그냥 우리끼리 웃은 거야, 비웃은 거 아니야."

이처럼 가해 사실을 부정하기도 쉽고, 피해 학생이 호소하는 고통이 상상 이상으로 커도 주위 사람들이 모른 채 지나갈 때가 많습니다. 정식 문제로 드러나기까지 시간이 오래 걸리고, 이미 일이 크게 번진 뒤라면 갈등 중재 역시 복잡해지는 경우가 많습니다.

이렇듯 은밀한 괴롭힘은 눈에 잘 띄지 않지만, 피해 아동에게는 직접적 폭력 못지않게 큰 상처를 남길 수 있습니다. 더 큰 문제는 주변 친구들이나 어른들조차 가해 사실을 파악하기 어렵거나, 별다른 죄의식 없이 동조하기도 쉽다는 점입니다. 그렇다면 이런 관계적 공격성이 퍼지는 상황을 막고, 아이들이 좀 더 건강하고 안전한 관계를 맺을 수 있도록 하려면 어떻게 해야 할까요?

| | 직접적 괴롭힘 | 은밀한 괴롭힘 |
|---|---|---|
| 정의 | 신체적·언어적 폭력 등의 직접적 폭력 | 사람을 매개로, 누군가를 배제하는 간접적 폭력 |
| 예 | 때리기, 욕하기, 금품 갈취하기 | 의도적으로 따돌리기, 소문 퍼뜨리기, 뒷담화하기 |
| 원인 | 충동성, 폭력성 | 인성, 자기중심성 |
| 가해자 특징 | 힘이 세거나 욱하는 성격, 분노 조절의 어려움이 있는 아이 | 친구가 많고 인기 있는 아이 중 인성이 자라지 않은 아이 |
| 피해자 특징 | 누구나 표적이 될 수 있다 | 친구들과 잘 어울리지 못하는 아이가 타깃이 되기 쉽다 |
| 구도 | 체구나 신체적 힘의 우열 | 인맥과 사람의 영향력의 우열 |
| 갈등 중재 | 명확함, 중재 비교적 쉬움 | 모호함, 중재 어려움 |

무분별하게 동조하고 휘둘리는 아이들,

어떻게 가르쳐야 할까?

"지영 씨 좀 싫지 않나요? 좀 별로죠? 맞죠?"

"지영 씨 빼고 우리끼리 식사하러 가요."

누군가 이렇게 말한다면, 성인인 우리는 지영 씨보다 지영 씨를 빼자고 한 사람을 오히려 경계합니다. 성인이면 험담을 일삼고 배제를 선동하는 사람을 조심해요. 어디서 내 험담도 똑같이 할 수 있는 사람이니까요. 또 직접 겪어보지 않고는 사람을 제대로 알 수 없다는 사실을 경험적으로 알고 있기 때문에 이러한 말에 쉽게 휘둘리지 않습니다. 성인은 누군가의 선동에도 유연하게 반응할 수 있습니다.

하지만 아이들은 달라요. 아이들은 사회경험이 적고 판단력이 미숙하다 보니 은밀한 괴롭힘을 부추기는 친구에게 쉽게 휘둘립니다.

"달님이 빼고 놀자."

"달님이 쟤 좀 싫지 않냐? 좀 별로지 않냐?"

이렇게 말하는 친구에게 그대로 동조하는 아이들이

많아요. 좀 크면 덜하지만 유치원부터 초등 저학년 시기의 아이들은 유연성이 떨어지기에 분별없이 따라 합니다. 옳고 그름의 판단력이 미흡한 이 시기 은따가 무척 성행합니다.

그렇다면 이런 상황을 어떻게 예방하고 지도할 수 있을까요?

**"눈에 보이지 않아도 폭력은 폭력이야."**

때리거나 욕만 나쁜 게 아니라, "너 빼고 우리끼리 놀자"라며 일부러 소외시키는 행위도 분명한 괴롭힘임을 아이에게 알려주세요.

**"직접 겪어보지 않으면 사람은 다 알 수 없어."**

누군가 "저 애 이상해"라고 해도, 내 아이가 스스로 만나보고 판단할 수 있게 도와야 합니다. 소문이나 다른 사람 말에 휘둘리지 않는 유연한 태도가 중요합니다.

**"괜히 소문 믿지 말고, 천천히 겪어봐."**

아이에게 직접 그 친구와 얘기해보고 사귀어보면서 알아가야 한다는 걸 알려주세요. 불확실한 정보를 맹신하기보다는 직접 겪어가면서 알아가는 게 진짜임을 알려주어야 합니다.

아이들은 은근한 따돌림이나 뒷말에 쉽게 휩쓸리기 마련입니다. 그러나 부모와 교사의 적절한 관심과 은밀한 괴롭힘도 폭력이라는 가르침, 사람은 직접 겪어봐야 안다는 유연성 훈련을 통해, 아이들은 한층 건강하고 안전한 관계를 맺을 수 있을 것입니다. '꾸준히 대화하며 모르는 사람을 함부로 판단하지 않기, 혹시라도 누군가를 빼고 놀자고 하면 그러지 말고 같이 놀자고 말하기'처럼 구체적인 실천법을 가르쳐주세요.

꾸준히 관심을 기울여 아이의 유연성을 키워준다면, 아이들의 학교생활과 친구 관계가 한층 건강하고 안전해질 것입니다.

# 은근한 괴롭힘,
# 아이들에게
# 어떻게 말해줘야 할까?

"엄마, 친구가 나한테 멍청하다고 했어."

"걔 누구니? 걔 이름이 뭐야?"

아이가 친구에게 괴롭힘을 당하고 오면, 엄마는 이름부터 묻습니다. 그런데 이름을 아는 것보다 더 중요한 게 있어요. 바로 의도입니다.

"걔가 너한테만 그런 식으로 말해? 아니면 다른 친구한테도 막 대할 때가 있어?"

모두에게 그렇다고 하면 의도성이 없는 거지만 우리 아이에게만 특히 더 함부로 하고 욕을 하는 거라면 그건 명백한 의도를 가진 괴롭힘일 가능성이 높습니다. 똑같이 무례한 행동이라도 가해자가 어떤 의도를 가지고 있느냐에 따라 대처 방식이 달라집니다.

문제는 가끔 뚜렷한 폭언이나 욕설 없이도 '은근히' 기분 나쁜 상황이 벌어질 때가 있다는 점입니다. 증거가 드러나지 않고, 욕도 하지 않는데, 뭔가 의도적으로 상대를 불쾌하게 만들고 있는 느낌이 드는 것이죠. 관계적 공격성은 이런 식으로 교묘하게 타인을 소외시키는 명확한 의도를 가진 폭력입니다.

**[초등시기의 은밀한 괴롭힘 사례]**

"야, 네가 술래해. 너 달리기 느려서 어차피 잡히니까 네가 술래 해."

특정 친구를 계속 술래 시킵니다. 겨우겨우 잡으면 "나 목숨 두 개인 거 몰랐어?" 하고 정면 공격 없이, 친구를 규칙도 모르는 애로 몰아갑니다.

## [청소년기의 은밀한 괴롭힘 사례]

친구들끼리 인스타그램 스토리를 올릴 때, 딱 한 사람만 '숨김'으로 처리하거나 단톡방에서 특정 친구가 올린 메시지는 일부러 '읽씹'하며 무시하면서 다른 친구 말엔 즉각 반응합니다. 단체 사진을 올릴 때, 일부러 특정 친구 얼굴이 잘리도록 편집하고 "어쩌다 보니 그렇게 됐다"라고 둘러대는 식으로 의도적인 소외감을 줍니다.

공개적으로 "네가 싫어!"라고 말하지 않아도, 디지털 공간에서 무응답이나 은근한 편집을 통해 상대를 고립시키는 방법이 많습니다.


## [직장에서의 은밀한 괴롭힘 사례]

팀끼리 점심 모임을 잡으면서 특정 신입만 빼놓습니다.

신입이 "다 같이 간다면서요?" 하고 물으면, "자기는 인기 많아서 약속 있는 줄 알았지~"라고 변명하며 은근히 소외시키죠.

일이 서툴다고 생각되면, 직접 알려주지 않고 뒤에서 "그 신입, 좀 답답하죠?"라며 여론을 몰아가는 식입니다.

## 은밀한 괴롭힘의 특징과 양상 세 가지

### 첫째, 의도적 괴롭힘

겉으론 "아, 미안~ 깜빡했네", "연락한 줄 알았어"처럼 사소한 실수인 척 포장하지만, 사실은 배제하고 불편하게 만들려는 고의적 의도가 깔려 있습니다.

한두 번이 아니라 반복된다면, 실수가 아니라 계획적인 소외인 가능성이 큽니다.

### 둘째, 이중적 태도

속마음과 겉으로 드러난 표현이 전혀 달라요.

속 : '완전 촌스러워.'(험담)

겉 : "리본핀 예쁘네!"(칭찬 모드)

실제로는 예쁘다고 여기지 않았음에도 예쁘다는 말을 합니다. 속마음은 비꼬고 무시하는 건데, 당사자 앞에서는 전혀 티를 안 냅니다. 실제 속마음은 그렇지 않은 것 같은데 겉으론 호의적인 척합니다.

속 : '별님이 쟤는 눈치가 없어. 분위기 파악을 못 해. 아우, 짜증 나.' (짜증)

겉 : "별님이가 요즘 나랑 멀어진 것 같아서 고민이야. 내가 뭘 잘못했나?" (피해자 코스프레)

속으로는 자기가 싫어서 거리를 두고 싶은 것임에도 다른 친구 앞에서는 마치 피해자인 양 "내가 뭘 잘못했을까?"라고 동정심을 유도하기도 합니다.


### 셋째, 다자관계에서 나타남

은밀한 괴롭힘, 곧 관계적 공격성은 대인관계망을 매개로 한 공격이에요. 집단 내에서 여러 사람의 지지를 얻어 한 명을 고립시키는 방식으로 나타납니다. 일대일의 관계보다 다자관계에서 가해자가 가진 인맥이 무기가 되어 피해자에게 큰 심리적 타격을 주는 형태가 많습니다.


이런 은밀한 괴롭힘은 어린아이들만이 아니라 성인에 이르기까지 다양한 연령대에서 나타납니다. 남학생 사이에서도 얼마든지 일어날 수 있지만, 설문에 따르면 여성

집단에서 더 자주 보고되는 편입니다.

은근한 괴롭힘은 단순히 욕하거나 때리는 식의 직접 폭력과 달리, 표면적 대립 없이도 상대를 소외시키고 마음에 큰 상처를 줍니다. 아이 시절 제대로 배우지 못하면, 청소년·성인기에도 이어질 수 있어 더욱더 문제지요.

### 은밀한 괴롭힘을 당하는 아이에게 해줄 말

**"네가 이상한 게 아니야."**

은근한 소외·배제 때문에 서운함을 느끼는 건 당연한 감정입니다. 아이가 속으로 '내가 문제인가?' 자책하지 않도록 먼저 감정을 인정해주세요.

**"네가 불편한 걸 말해도 괜찮아."**

부당한 괴롭힘에 대해 "나 사실 서운했어"라고 표현하는 건 건강한 자기주장의 시작입니다. 상대가 받아들이지 않더라도, 내 감정을 말해봤다는 경험 자체가 아이를 성장시킵니다.

**"진짜 친구는 서로를 존중해야 해. 그렇게 행동하는 아이는 친구가 아니야."**

아이는 무리에서 배척되지 않으려고 맞춰주기 싫은데도 참고 견뎌보려고 할 수 있어요. 그런데 부당한 대우와 괴롭힘을 참고 견뎌야만 유지되는 관계라면, 이미 친구라고 부를 수 없습니다. 친구는 존중에 기반을 두는 관계입니다. 내 마음을 이해하고 헤아려줄 수 있는 사람, 같이 있으면 마음이 편해야 친구죠. 무리에서 나오는 게 두려울 수도 있지만, 존중 없는 관계에서 나 자신을 희생할 필요는 없습니다. 학교라는 공간에는 다른 친구도 많고, 새로운 인연이 기다리고 있다는 걸 알려주세요.

**"새로운 친구가 생기면 나아질 거야."**

물론 현실적으로 무리에서 벗어나기가 쉽지는 않습니다. 한 반에서 계속 얼굴을 봐야 하고, 빠져나오면 남아있는 친구들이 뒷말을 일삼는 경우도 많거든요.

나에게 못되게 구는 친구들 사이에만 머물면, 그 친구들이 전부인 것 같은 세상에서는 나오는 게 더욱 두렵습니다. 아이가 자신의 마음을 지키는 쪽을 택하도록 용기를 주세요. 다른 누군가와 새로 연결되고 지지를 받으면, 이전에 못되게 굴던 친구들이 덜 무섭게 느껴집니다.

### 은밀하게 괴롭히는 아이에게 해줄 말

**"은근한 배제도 괴롭힘이야."**

폭력이나 욕만 나쁜 게 아니라, 특정 친구만 빼고 약속 잡거나 귓속말로 험담하는 것 역시 명백한 괴롭힘임을 가르쳐야 합니다.

**"상대 입장에서 생각해봐."**

"네가 그 입장이라면 얼마나 힘들겠어?" 하고 묻는 건, 공감 능력을 기르는 기초입니다.

**"네 진짜 마음을 솔직히 얘기해."**

싫으면서도 괜찮은 척하거나, 뒤에서 험담하는 건 갈등을 키우는 일입니다. "나는 (어떤) 부분이 기분 나빴어"

라고 직접 말해야 갈등을 풀 기회를 얻을 수 있어요.

**"결국 네 손해야."**

정서적으로 따돌리는 아이는 장기적으로 친구들의 신뢰를 잃습니다. 아이들도 당하고만 있지는 않아요. 당한 아이들이 점차 가해 아이를 멀리하기 때문에, 처음에는 돌아가면서 따돌렸다가 학기 말에는 본인이 친구가 없어져서 소외되는 일도 드물지 않아요. 이런 식의 괴롭힘은 본인에게 가장 안 좋은 일임을 가르쳐주어야 합니다.

### 인성교육이 중요한 이유

은밀한 괴롭힘 문제를 근본적으로 해결하려면, 가해자가 먼저 변해야 합니다. 아무리 피해자가 스스로를 방어하려고 해도, 괴롭힘을 멈추지 않으면 문제가 계속 반복될 수밖에 없으니까요.

흔히 엄마들 사이에서 '아이에게 친구를 붙여줄 때 그 애 엄마가 어떤지를 보라'는 말이 있습니다. 애가 거칠어도 엄마가 상식적이라면 그 아이는 나아지지만, 아이가 거친데 엄마도 이상하면 그 애는 멀리해야 한다는 거죠. 남의 아이를 내가 가르칠 수 없으니까 거르고 봐야 한다는 얘기입니다. 저 역시 어느 정도 맞는 말이라 생각합니다.

실제로 교사로 일하면서, 부모가 단호하게 훈육하고 적극적으로 인성 교육을 할 때 아이가 달라지는 걸 많이 봤습니다. 반면 부모가 알면서도 딱히 신경 안 쓰는 경우에는 어렵더라고요. 부모가 모르쇠로 일관하거나 "아이들이 다 그렇지"라며 방치하면 상황은 쉽게 나아지지 않습니다. 교사 지도만으로는 한계가 있어요. 가정의 역할이 무엇보다 중요합니다.

아이가 어릴 때부터 다른 사람 마음을 아프게 하는 건 옳지 않다는 걸 분명히 가르쳐야 합니다. 은밀한 괴롭힘이 감지된다면 곧바로 잘못을 짚고 교육해야 하고요. 때리거나 욕하지 않았다고 해서 폭력이 아닌 것이 아니라는 점, 상대방에게 상처 주는 어떤 행위도 폭력이 될 수 있음을 가르치는 것이지요.

아무리 공부를 잘하고 좋은 대학·직장을 얻어도, 다른

사람을 교묘하게 따돌리고 괴롭힌다면 진정한 의미의 바른 성인이라 할 수 없습니다. 인성 교육이야말로 아이를 키우는 데 있어서 무엇보다 우선되어야 할 과제입니다.

# 여왕벌과 일벌,
# 아이들 사이의
# 보이지 않는 서열

정서적 괴롭힘은 보이는 폭력 없이도 은밀한 권력 구조 안에서 일어납니다. 무리 안에 형성된 은밀한 위계 속에서 누군가는 힘을 행사하고, 누군가는 방관하며, 또 누군가는 표적이 되어 상처를 입지요. 이를 흔히 '여왕벌–일벌–타깃' 구도로 설명합니다.

**[초1 여자아이들이 모여 노는 중, 한 친구가 놀이를 주도하며 역할을 멋대로 정하는 상황]**

"너는 공주 해."

"너는 엄마, 너는 동생 해."

"너는 아기 해야 해. 안 그러면 우리랑 못 놀아."

한 아이가 놀이를 주도하면서, 누군가에게는 공주나 엄마처럼 선호되는 역할을 시키고, 어떤 아이에게는 계속해서 하기 싫어하는 역할을 하라고 합니다. 공주 역할은 자신과 일부 친구들이 번갈아 맡지만, 특정 친구에게는 늘 아기 역할만 맡기죠.

여기서 놀이를 주도하는 아이가 '여왕벌', 그 아이에게 동조하거나 방관하는 다수 아이가 '일벌', 그리고 어쩔 수 없이 아기 역할만 맡게 되는 아이가 '타깃'입니다.


여왕벌(Queen bee)의 특징

무리의 중심에서 관계적 힘을 휘두르고, 특정 친구를 괴롭히거나 배제하는 아이를 말합니다. 어른들 눈에는 예의 바르고 문제없어 보여 쉽게 간과되기 쉽지요. 방식이 은밀하고 교묘해서 피해가 큰데도 어른이 알아차리기 어려운 경우가 많습니다. 여왕벌인 아이는 다음과 같은 특징이 있습니다.

### 첫째, 말솜씨

여왕벌 아이는 뒤에서 사람을 조종하고 괴롭히지만, 언뜻 보기에는 오히려 언변이 뛰어나고 사람을 끄는 매력이 있는 경우가 많아요. 말투나 상대 반응을 재빨리 캐치해 사람 심리를 읽는 데 능숙합니다. 어른들 앞에서는 깍듯한 태도로 문제없는 아이, 예의 바른 아이라는 인상을 줍니다.

"선생님, 오늘 머리 모양 바뀌셨네요. 되게 잘 어울리세요!"

어른에게는 깍듯이 예쁜 말과 인사도 잘하는데, 친구들 사이에서는 은근히 힘을 휘두르는 이중적 모습이지요.


### 둘째, 주도성

모임·이벤트를 기획하거나 과제·놀잇거리를 주도적으로 끌어나갑니다. 반장이나 부반장이 아니더라도, 무리 내 중심인물로서 영향력을 행사합니다.

"내일 떡볶이 먹고 코인노래방 가자. 각자 간식거리 조금씩 들고 오고. 11시에 정문에서 만나."

계획을 주도하면서 특정 아이만 빼는 식이죠.

### 셋째, 인싸 기질

SNS 팔로워가 많다거나, 아는 선배가 많은 등 인싸인 경우가 많아요. 인스타에 피드를 올리면 좋아요가 백 개씩 달리고, 이걸 자랑합니다. 인맥이 넓고 이를 과시하는 걸 즐깁니다.

(인스타그램에 올라온 사진을 보고) "이 선배, 아이돌 연습생 맞지? 완전 여신. 너 이 선배도 알아?"

"어. 알지. 친해. 소개해줄까?"

### 넷째, 전략적 일벌 포섭

여러 사람에게 처음에는 다정하게 접근해 자신 편(일벌)을 늘립니다. 어느 정도 세력이 확보되면, 마음에 안 드는 아이를 대놓고 배제하거나 험담을 퍼뜨려 관계적 공격을 가합니다.

### 일벌(Worker bee)의 특징

여왕벌에게 동조하거나, 갈등을 피하려고 방관하는 다수의 아이입니다. 왕벌의 행동을 문제의식 없이 따라가거나 침묵으로 묵인합니다. 나는 공주 시켜주니까, 나는 서열이 높으니 문제가 없다고 여기며 방관합니다.

"쟤 좀 이상하지 않냐? 뚱뚱한데 크롭을 입어. 말이 돼?"라는 여왕벌의 말에 "그러게 말이야"라며 동조합니다. 본인은 그렇게 생각하지 않더라도, 여왕벌에게 밉보이면 무리에서 내쳐질까 봐 두려워하는 경우가 꽤 있어요. 일벌의 이러한 묵인과 동조가 여왕벌의 부정적인 말과 행동에 힘을 실어주어 권력을 더욱 공고히 만듭니다.

### 타깃(Target)의 특징

여왕벌과 일벌들에게 교묘한 괴롭힘을 당하는 대상입니다. 타깃인 아이의 특징은 다음과 같습니다.

**첫째, 아무런 문제가 없어도 표적이 될 수 있다.**

딱히 문제적 행동을 하거나 부딪힌 일이 없어도 여왕

벌 눈에 거슬려 타깃이 되기도 합니다. 그저 내향적이거나 유행에 둔감하거나, 독특한 분위기를 풍긴다는 이유만으로도 희생양이 될 수 있습니다. 또 어수룩하거나 눈치가 없어 사회적 신호를 잘 못 읽는 아이나 감정 표현이 어색한 아이들의 경우 만만히 보고 쉽게 표적이 되기도 합니다.

**둘째, 공격성이 결핍되어 있다.**

상처를 받아도 적극적으로 표현하지 못해 은근한 괴롭힘이 계속될 위험이 큽니다. '싸우기 싫으니 참아야지', '이러다 말겠지', '장난인데 그냥 넘어가자' 하고 속으로 삭힙니다. 여리고 소극적인 아이, 내성적이고 자기표현을 못 하는 아이의 경우 직접 맞서지 못해 괴롭힘이 심화될 수 있어요.

보호자의 역할

**첫째, 여왕벌 아이에게 정의로운 리더십 가르치기.**

여왕벌 아이가 나쁘기만 한 건 아닙니다. 장점도 많아요. 사교성도 좋고 주도성도 높지만, 이를 남을 배제하고 소외시키는 데 활용하기 때문에 문제가 됩니다.

"역할 놀이할 때, 어떤 역할을 맡을지는 다 같이 정해야 해. 하고 싶은 역할이 겹치면 가위바위보로 결정하면 좋겠다."

"그 말은 친구를 무시하는 거라서, 우리 반에선 그렇게 말하면 안 돼."

이와 같은 식으로 분명한 가이드라인을 정해주는 거죠. "네가 가지고 있는 리더십을 좋은 쪽으로 써보면 어떨까?" 하고 긍정적 대안을 제시해야 합니다. 여왕벌이 쥔 권력에 제동을 걸 수 있는 건, 결국 공식적 권위를 가진 교사와 부모뿐입니다.

**둘째, 일벌인 아이들에게 방관과 동조의 문제점 알려주기.**

아무 생각 없이 동조하거나 문제의식 없이 "그러게~"라고 맞장구치면, 사실상 폭력을 키워주는 결과가 됩니다. "아기 역할을 돌아가면서 해보면 어때?" 같은 작은 한마디가 여왕벌의 영향력을 크게 줄일 수 있음을 알려주고, 묵인 대신 용기 내어 말하기를 가르쳐주세요. 방관하지 않는 한마디가 결정적 열쇠가 되어 관계적 공격성을 깨뜨릴 수 있습니다.


**셋째, 타깃인 아이에게 적정 공격성과 자기주장 키워주기.**

계속 참기만 하면 은근한 괴롭힘은 더 심각해질 수 있습니다. 부당한 대우를 받을 때, "이건 너무 심해. 나 상처받았어"라고 짧고 분명하게 표현할 수 있어야 하지요. "너무 속상해" 같은 감정 표현도 반드시 연습하도록 도와주세요.


실제로 정서적 괴롭힘을 없애는 데는 일벌이나 타깃보다 여왕벌 아이의 부모 역할이 매우 중요합니다. 교사도 부모와 협력해 아이 태도를 교정하려 하지만, 부모가 왜 우리 애만 문제 삼느냐, 괜히 그러지 않았을 거다는 식으로 방어적으로 나오면 달리 방법이 없지요. 우리 아이가 밖에서 어떤 행동을 하는지 객관적으로 살피고, 외부의 피드백을 수용하고, 잘못된 부분이 있다면 책임지고 바로잡아 주어야 합니다.

아이는 미숙하기에 누구나 관계 맺는 과정에서 시행착오를 겪습니다. 그러나 보호자가 그때그때 알려주고 잘못을 교정해주면 큰 문제 없이 지나갈 수 있어요. 아이가 문제를 안고 갈지, 한 단계 성장의 기회로 삼을지는 부모의 태도에 달려 있습니다.

# 엄마들 사이에도
# 존재하는 서열 대처법

어른들이라고 해서 교묘한 관계적 공격이 없는 건 아닙니다. 엄마들 모임에서도 여왕벌이 있어요. 주도적으로 천문대, 축구, 캠핑 등 아이들 각종 행사를 분업하여 추진하면서 친목도 도모하고 아이들에게 좋은 경험도 만들어주는 여왕벌 역할을 하는 엄마가 있어요. 나서서 일을 추진하는 능력자라 따르는 사람이 있죠. 그런데 주변 엄마들 중 누군가를 은근히 배제하는 식의 관계 조종을 하기도 합니다. 엄마들 사이의 여왕벌은 다음과 같은 특징이 있습니다.

### 첫째, 언변과 추진력

"내가 오늘 애들 곤충 체험장 데려갈게. 너희는 올 거 없어. 더운데 각자 집에서 쉬어. 햇볕 뜨거우니까 모자 꼭 씌우고 물만 챙겨 보내. 끝나면 집 앞에 내려줄게."

"언니, 고마워요."

주도적으로 계획을 세우고 빠른 일처리로 모임 전체를 이끄는 역량이 있습니다. 하지만 이 추진력을 지렛대 삼아 자신이 마음에 안 드는 엄마나 아이를 슬쩍 소외시키기도 합니다.


### 둘째, 인맥 과시와 활용

"치과 가려고? 나 아름이 엄마 잘 아는데, 아름이 아빠가 아름치과 원장이야. 거기 가봐. 내가 얘기해줄까?"

이런 식으로 자신이 마당발임을 과시하고 어필합니다. 때로는 보험·다단계 영업 등에 이 인맥을 사용해 주변 엄마들이 곤란해지기도 합니다.

### 셋째, 이중성

앞에서는 친근하게 다가와 웃으면서 이야기를 나누지만 뒤에서는 그 사람을 험담합니다. 또 처음이랑 친해지고 난 뒤의 태도가 다릅니다. 초반에는 자신의 부족한 점을 솔직하게 오픈하면서 소탈하게 다가와 사람들의 마음을 열게 만들지만, 어느 정도 친해진 뒤에는 심부름이나 부탁을 당연시하기도 합니다.

"어, 애 픽업 갔지? 우리 애도 데리고 와라. 나 지금 밖이거덩. 집에 내려주면 됨."

내 사람이라 여기는 이들에게는 잘 하지만 자기편이 아닌 다른 사람은 견제합니다. 다른 사람의 문제를 일삼아 비난하면서 정작 자기 아이나 자신을 향한 비판에는 과도하게 분을 내는 이중성도 있습니다.

### 넷째, 관계적 공격성

여왕벌 엄마는 어린이집이나 유치원 등 기관에 대해 무언가 불만이 있을 때 아는 엄마들을 불러 모읍니다. 본인이 나설 테니 단체로 항의하도록 유도하는 식이죠.

"우리 아이들 같은 반 올해 3년 차야. 일 년만 있으면 졸업인데 새로운 애 받는 거 난 반대야. 걔가 다른 영유에 다니다 왜 7세에 여기로 오겠어? 다 이유가 있는 거지. 내가 원장님께 얘기할게."

만약 이를 유별난 컴플레인으로 여겨 참여하지 않으면 여왕벌 엄마에게 찍혀 미움을 사다 보니, 다들 모른 척 따르는 분위기가 형성됩니다.

그 결과, 공개수업날 새로 온 아이 엄마가 인사를 해도, 여왕벌 엄마 무리는 투명인간 취급을 해버립니다.

여왕벌 엄마라고 해서 다 나쁜 사람인 것은 아닙니다. 실제로 여러 사람을 두루 챙기고 모임을 원활히 운영해 인간미 있고 언니 노릇 톡톡히 하는 좋은 분이라는 긍정적인 평가를 받는 예도 있어요. 사교성과 추진력이 좋은 거죠.

문제는 인성이 뒷받침되지 않을 때 생깁니다. 좋은 사교성을 타인을 배제하거나 이용하는 데 쓰는 것이 문제인 겁니다. 자기들끼리 천년우정 맹세하며 잘 지내는 것이야 괜찮지만, 편 가르기와 소외시키기로 누군가에게 상처를 준다면 이는 보편적 규범에서 벗어난 행동입니다.

나와 맞지 않거나 불편한 사람, 코드가 안 맞는 사람은 어디에나 있기 마련입니다. 그런 사람을 만나면 나만 속으로 싫어하면 되는 겁니다. 굳이 드러내지 않고 각자 신경 쓰지 않는 선에서 지내면 그만이에요. 그런데 여왕벌 엄마는 자신이 싫어하는 감정을 공개적으로 공유하며 다른 사람까지도 그 사람을 내치도록 부추깁니다. 편 가르기와 따돌림, 이것이 여왕벌 문제의 핵심입니다.

여왕벌 대처법 : 나와 내 아이를 지키는 세 가지 포인트

**첫째, 자책하지 말기.**

"이건 내 잘못이 아니야"

여왕벌 엄마의 은근한 공격은 그 사람의 문제입니다. "내가 부족해서 이런가?"라며 자신을 탓하지 마세요. 상대가 관계 조종을 하는 이유는 그 사람의 인성 결여일

뿐, 내 탓이 아닙니다.

**둘째, 바운더리를 설정하고 표현하기.**

"그분과 직접 얘기 나눠본 적이 없어서 잘 모르겠어요. 직접 겪어봐야 알 것 같아요."

"마음은 감사하지만, 우리 아이에게 맞지 않을 것 같아요."

이처럼 침착하면서도 분명히 말하는 것도 필요해요. 가만히만 있으면 상대는 더 과감해집니다. 짧고 분명한 의사 표시가 필요합니다.

**셋째, 고의적·악의적 배제 시 손절하기.**

굳이 내가 스트레스받으며 아이까지 소외당하는 모임에 남을 필요는 없습니다. "이 사람들이 내 인생 전부는 아니잖아"라고 생각하고 새로운 인연을 찾는 편이 낫습니다. 만났을 때 편안한 사람들과 어울리세요.

나와 내 아이 모두 마음 편히 지낼 수 있는 관계를 선택하는 것이, 결국 더 건강하고 행복한 길입니다.

# 순진한 아이를
# 이용하는 친구,
# 어떻게 해야 할까?

~

아이라고 해서 다 순수하지는 않아요. 착하고 순진한 아이들이 있는가 하면, 아이답지 못하게 영악한 아이도 분명히 있습니다. 이런 아이들은 대개 자기보다 약한 친구를 밑으로 봐요. 자기중심적이고, 책임을 회피하며 위선적인 면이 있어요.

영악한 아이들의 특징 네 가지

**첫째, 자기중심적이고 친구를 도구삼아 자기 이익을 추구한다.**

구름 : "야, 너무 덥다. 네 엄마한테 전화해서 나랑 너네 집에서 놀고 싶다고 해."

태양 : "우리 엄마가 오늘 피곤하다고 밖에서만 놀라고 했는데……"

구름 : "괜찮아. 네가 조르면 오라고 할 거야. 빨리 전화해서 얘기해."


**둘째, 책임을 회피하고 본인 잘못을 인정하지 않는다.**

"선생님이 같이 나눠 먹으라고 하셨는데, 왜 네가 다 먹으려고 해?"

"누가 늦게 먹으래? 니들이 늦게 먹어놓고 왜 내 탓을 해? 먼저 찜한 사람이 임자야. 늦게 먹은 너희 잘못이고."

문제가 생기면 본인은 아무 잘못이 없고 상대 탓이라고 주장합니다. 잘못을 인정하지 않고 책임을 전가해요.


**셋째, 어른 앞과 뒤, 선생님이 있을 때와 없을 때 태도가 다르다.**

선생님이나 엄마 앞에서는 착하고 바르게 행동하지만 어른이 없는 곳에서는 돌변합니다. 어른 앞에서는 착한 척하고, 어른이 보지 않는 틈에서는 태도가 달라져요. 어른 앞에서 혼날 만한 행동을 하지 않는 규범 회피 기술은 익혔지만, 상대 감정을 공감하고 배려하는 법은 배우지 못했기 때문입니다.

(어른들이 보고 있을 때) "목말라서 그러는데, 네 물 한 모금만 마셔도 될까?"

(어른 없는 틈) "야, 물 갖고 와." "저기 공 주워 와."


**넷째, 친구보다 자신이 우위에 있으려고 한다.**

권력이나 지위가 낮다고 여겨지는 친구를 얕잡아 보고 자신이 우월한 입장에 서려고 합니다.

"놀이터에서 놀고 싶으면 내 말 잘 들어. 안 그러면 넌 놀이터에 안 부를 거야."

"우리랑 놀고 싶으면 아이스크림 사 와."

"싫다고? 그러면 넌 우리랑 못 놀아. 너만 빼고 놀 거야."

전학 온 친구에게 텃세를 부리는가 하면, 약하다 싶은 친구를 자기 밑으로 봐요. 어리바리하고 순진한 친구에게 교묘하게 심부름을 시키고, 불응하면 배제합니다. 강자에게는 약하고 약자에게는 강한 전형적 모습이죠.

이런 영악함을 부모가 모르는 경우도 많지만, 알고도 감싸는 부모가 있습니다.

"우리 애가 친구를 무척 좋아하는데, 표현이 서투르다 보니 오해가 있었네요."

"애들이 다 그렇죠."

이런 식으로 감싸고 방어하면 아이는 그릇된 행동을 고칠 기회가 없어요. 이기적 처세가 더욱 굳어집니다. 내 아이가 누군가의 마음을 아프게 했다면, 사과하고 고치도록 가르쳐야 하는 게 부모 역할입니다.

### 영악한 아이에게 부모가 해야 할 세 가지

#### 첫째, 인성 교육

"친구는 대등한 관계야. 친구를 밑으로 보면 안 돼."

"네가 그렇게 행동했을 때, 친구 마음은 어땠을까?"

"입장을 바꿔서 생각해봐. 네 행동에 친구가 상처받을

수 있어.”

친구 관계는 우열이 없어요. 힘의 균형이 깨지면 좋은 친구로 지낼 수가 없습니다. 아이가 비교하지 않고, 자신이 우위에 서려고 하지 않도록 가르쳐주어야 해요. 자신의 행동이 남에게 미치는 영향을 깨닫도록 도와줘야 합니다.

### 둘째, 책임 교육

“너로 인해 친구의 마음이 상했다면 네가 사과해야 하는 거야. 자꾸 남 탓하면 친구가 떠나.”

내가 잘못한 건 인정하고 사과하는 태도를 배워야 해요. 그래야 관계를 회복할 수 있습니다.

### 셋째, 객관화

영악한 아이는 집에서와 밖에서의 모습이 다를 수 있어요. 아이가 외부에서 어떤지 다른 엄마들이나 선생님께 들었을 때, 내가 알던 모습과 다르다고 부정하기보다 ‘우리 아이가 그런 면이 있었구나’라고 객관적으로 살피는 태도가 중요합니다.

'우리 애는 자기 손해날 행동은 안 하니 괜찮아'라고 여기지 말고 자기 이익만 챙기고 다른 친구에게 못되게 굴지는 않는지, 내가 안 볼 때의 모습이 어떻게 다른지 살펴야 합니다. 선생님이나 주변 사람이 해주는 이야기도 귀담아들어야 하고요.

영악한 아이는 교묘하게 친구를 이용하여 단기적으로 이득을 볼 수는 있어도, 결국 주위에서 신뢰를 잃고 고립됩니다. 자기에게도 손해인 셈이에요. 어릴 때부터 인성 교육에 힘써야 하는 이유입니다.


### 영악한 친구에게 끌려다니는 아이에게 가르쳐야 할 두 가지

**첫째, 보편성 교육**

부탁과 명령은 달라요. 친구가 지시나 명령을 하면 거절할 수 있음을 가르쳐야 합니다.

"친구는 대등한 관계야. 친구끼리 부탁은 할 수 있지만, 다 들어줘야 하는 건 아니야."

## 둘째, 적정 공격성 교육

"네가 불편하고 싫으면 '싫어. 안 할래'라고 말하는 거야. 그게 잘못이 아니야."

거부 의사를 명확히 표현해야 상대가 '아, 얘 만만치 않구나'라고 인식해 함부로 못 하게 돼요. 자기주장 교육은 꼭 필요합니다.

놀이터 벤치에 앉아서 아이들 노는 걸 지켜보다 보면 친구를 은근히 괴롭히고 못되게 구는 아이가 보여요. 그럴 때 저 아이 엄마는 이걸 알까, 말을 해줘야 하나 싶은 마음이 들죠. 제가 교사 입장이었다면 얘길 했을 거예요. 그런데 엄마의 입장이 되고 보니 말을 안 하게 되더라고요. 상대 엄마가 어떻게 받아들일지 모르니까요. 오해 없이 받아들일 수 있으려면 전달을 잘해야 하고 그러기 위해서는 많은 고민이 필요한데 뭘 그렇게까지 하나 싶은 거죠. 그저 피하고 맙니다. 저만이 아니라 다른 부모도 그럴 겁니다. 다 보이지만 모른 척 피하고 넘어가는 일이 많아요. 결국 부모가 직접 나서 내 아이의 부족한 부분을 다

듣고 지도해야 합니다.

아이들은 완벽하지 않습니다. 누군가는 이기적인 영악함을 보일 수 있고, 누군가는 착하기만 해서 늘 끌려다닐 수 있어요. 이 모난 구석을 둥글게 다듬어가는 게 육아이고 부모의 역할입니다.

# 아이 문제에
# 개입할 때와 지켜볼 때,
# 그 경계 짚기

몇 해 전 포켓몬빵이 대유행이었던 적이 있지요. 포켓몬빵을 사려고 편의점에 예약을 하고, 편의점 앞에서 30분씩 줄을 서서 기다리기도 했어요. 편의점 트럭을 쫓아간 적도 있고요. 그렇게 힘들게 구해다주면 아이는 빵은 뒷전이고 띠부씰부터 뜯었죠. 뭐가 나오냐에 따라 표정이 달라졌고요. 띠부씰이 워낙 다양하고 복잡해서 저는 뭐가 뭔지 잘 모르지만, 애들은 이게 얼마나 귀한 거고 얼마나 가치 있는지 뜯자마자 알아보더라고요.

둘째 녀석이 학교에 띠부씰을 가져갔어요. 친구끼리

서로 어떤 게 있는지 보여주고 교환도 하는 모양인데, 하루는 울상을 짓고 왔어요.

어떤 친구가 뮤를 갖고 있다고, "내 거 뮤 띠부씰을 줄 테니까 네 띠부씰 줘. 교환하자"라고 해서 어니부기와 리자몽을 포함해 몇 개를 내줬는데, 그 친구가 약속한 뮤를 안 주고 있다는 거였어요. "깜빡했어. 내일 줄게"라는 말로 차일피일 미룬 지 3일 차가 되자 아들 녀석도 낚였다 싶은 생각에 불안해진 거죠.

"걔 너한테 거짓말한 거야. 뮤가 얼마나 희소템인데, 뮤 갖고 오면 그때 너도 준다고 했어야지. 그걸 먼저 주고 오냐?"

누나가 옆에서 속 터져 했어요. 답답하기는 저도 마찬가지였고요. 맞교환을 하지 않고 덥석 먼저 준 게 화근이었죠.


마음 같아서는 당장 전화해 친구 부모님께 따지고, 선생님께도 알리고 싶었죠. 하지만 앞으로도 아이가 또래 관계에서 다양한 갈등을 겪게 될 텐데, 매번 제가 나서서 해결해주면 아이가 스스로 대처하는 법을 배울 기회가 없을 것 같았습니다. 그래서 우선은 아이가 직접 해결해 보도록 격려했습니다.

"선생님께 말씀드려봐."

"같은 반이 아니라서 우리 선생님이 걔를 모르실 것 같아."

"그러면 그냥 네 거 띠부씰 돌려받고 끝내면 어때?"

거래무효화 전략에 아들도 동의했어요. 저는 제발 일이 깔끔하게 정리되길 간절히 바라며 아이를 학교에 보냈습니다. 그런데 그날 아들은 아무 소득 없이 돌아왔습니다.

"엄마, 걔가 한번 거래한 건 취소 못 한대. 나 너무 화나. 진짜 빡쳐."

물론 그 친구도 어처구니가 없지만요, 그 말에 아무 대응을 못 한 아들 녀석이 더 어처구니가 없었습니다. 부당한 대우에 항의조차 못 하는 이런 답답한 아이가 어디 있나요.

'왜 아무 말을 못 해? 그런 게 어디 있냐고 따져야지,

왜 가만히 있어? 너 바보야? 네가 이러니까 너를 얕잡아
보고 말도 안 되는 거래를 하자고 하는 거야.'

속에서 천불이 났지만, 이런 말은 안 했어요. 본인은
얼마나 속상하고 답답하겠어요.


더는 두고 볼 수 없다는 생각이 들었습니다. 선생님께
도움을 청할 것인가, 아니면 그냥 넘어갈 것인가를 두고
고민이 됐죠. 실은 저는 그냥 엄마가 포켓몬빵 여러 개 사
준다고 하고 잊게 하고 싶은 마음이 있었어요. 괜히 전화
해서 선생님을 번거롭게 해드리는 것도 신경이 쓰였고,
쓸데없는 오해와 분란을 만들까 봐 걱정스러웠거든요.
엮이고 싶지가 않았습니다.

하지만 아이 입장을 생각하면 그럴 수가 없었어요. 부
당한 요구에 속수무책으로 당하는 경험을 하면, 앞으로
도 비슷한 상황에서 아이가 자신을 제대로 지키지 못할
것 같았거든요. 친구는 수평적인 관계인데, 부당하게 대
우받는 상황을 바로잡는 경험이 없으면 얕보는 친구에게
계속 휘둘리게 될 수 있어요. 아이가 무력감을 학습하게

해서는 안 되겠다는 결론을 내렸죠.

담임 선생님께 전화로 상황을 말씀드렸고, 감사하게
도 그다음 날 두 반의 담임 선생님들이 아이들을 불러 중
재를 해주셨어요. 덕분에 아이는 띠부씰을 돌려받고 친
구의 사과까지 받을 수 있었죠.


띠부씰 사건이 해결되기까지 일주일이 걸렸는데요,
그 기간 내내 정말 마음이 편치 않았어요. 어쩜 이렇게 영
악한 아이가 있나. 또 우리 아이는 어쩜 이렇게 대응을 못
할까. 엄마가 매번 나서줄 수도 없는데, 이렇게 약해서 앞
으로 이 힘한 세상을 어떻게 살아갈까…… 여러 걱정이
꼬리에 꼬리를 물었습니다. 그래도 큰소리 내지 않고 차
분하게 일주일 보냈다는 것으로 위안 삼았죠.

그리고 얼마 전 아들과 몇 해 전 있었던 띠부씰 사건에
관해 이야기를 나눴는데요, 아들이 뜻밖의 말을 합니다.

"엄마, 나는 그때 배운 게 많아. 개념 없이 막무가내
로 나오는 애가 있어. 그때 가만히 있으면 안 돼. 내 힘으
로 안 되면 선생님한테 얘기해야 하고, 곧장 말하는 게 좋

아. 그리고 너무 다 믿으면 안 돼. 거래도 사람 봐가면서 해야 하고, 친구도 가려서 사귀어야 해.”

언뜻 들으면 좀 냉소적인 배움처럼 보이지만, 사실은 중요한 사회적 경험이죠. 상대가 부당한 태도를 보일 때, 바로잡으려 노력해야 한다는 것. 그리고 스스로 해결이 힘들면 언제든 도움을 청하는 것이 부끄럽지 않다는 걸 몸소 깨달은 거니까요. 값진 교훈이죠.

아이 친구 문제에 부모가 어디까지 개입해야 할지 그 선은 늘 헷갈립니다. 저는 먼저 이 문제를 아이가 해결할 수 있는가를 떠올립니다. 솔직히 엄마가 나서면 해결은 훨씬 빠를 수 있어요. 부모가 친구 부모님께 항의하든, 학교에 바로 연락하든. 하지만 그렇게 되면 정작 아이가 스스로 갈등을 해결하는 경험의 기회를 놓쳐버리는 셈이 됩니다.

하지만 아이가 시도했음에도 상대가 부당한 행동을 멈추지 않는다면, 그건 아이 혼자 하기에는 어려운 영역이에요. 갈등이 심각해지거나, 아이가 반복적으로 상처받고 자신감을 잃는다면 부모가 안전망 역할을 해줘야 합니다.

### 부모가 개입하는 '선'은 이렇게 잡으세요

우선, 아이의 목소리를 들어주세요. 갈등 상황에서 아이가 어떤 마음이며, 무엇을 시도했는지 충분히 묻고 들어보는 게 먼저입니다.

둘째, 아이가 '할 수 있는 일'인지 판단해봅니다. 아이가 해볼 만한 시도가 있다면 해보게끔 격려하고 기다리고 지켜봐주세요.

셋째, 아이가 여러 차례 시도했음에도 상황이 나아지지 않고, 계속 상처를 입는다면 아이 혼자 풀어갈 수 없는 영역입니다. 이때는 부모의 개입이 필요해요.

부모가 두 팔 걷어붙여 다 해결해주지 않고, 그렇다고 물러서서 손 놓고 있지도 않으면서, 아이와 함께 해결 과정을 밟아가는 게 중요합니다. 그래야 아이가 스스로 갈등을 해결했다는 실제 경험을 쌓고, 부당함을 바로잡는 방법을 배울 수 있어요.

사실 부모가 발 벗고 나서는 건 아이를 위한 일이기도 하지만, 동시에 내 불안을 해소하기 위한 선택이기도 해요. 당장 속이 시끄럽고 불안하고 걱정되니 나서서 빨리 끝내고 싶어지죠. 그런데 그 마음을 조금만 참고, 아이가 스스로 움직일 수 있는지 먼저 살펴보는 것도 필요합니다.

　　스스로 깨쳐야 해요. 아이들은 경험으로 배웁니다. 즐거운 경험만이 아니라 속상한 경험, 난감한 경험도 다 아이를 자라게 합니다. 그런 과정이 엄마에게 피곤하고 마음고생이 된다 해도 말입니다.

# 한 명이라도 진짜 친구가 있다면
# 아이는 무너지지 않습니다

아들 녀석이 집에 와 "엄마, 나 오늘 친구랑 싸웠어" 라고 합니다. 자초지종을 들어보니, 장난으로 신발을 던지고 놀다가 친구의 신발주머니 키링 부속이 떨어졌다고 해요. 아들은 바로 "미안해"라고 사과했지만, 친구는 "너, 물어내. 이거랑 똑같은 거, 새 거로 내일까지 사와!" 이렇게 말하고 휙 가버렸다는 겁니다.

그때 같이 놀면서 이 모든 과정을 지켜본 아들의 베프 하늘이가 "지구야. 편의점 가자. 가서 너겟 먹자. 내가 사줄게"라고 했다고요.

하늘이와 편의점 벤치에 앉아 이야기를 나눴답니다.

"엄마한테 키링 하나 사달라고 말해야 하나?"

"뭘 새 걸 사주기까지 해. 나라면 얼마인지부터 물어볼 거 같아. 만 원이라고 하면, 한 오천 원쯤 준다고 하면 되지 않아? 네가 일부러 그런 것도 아니고, 그거 걔가 쓰던 거잖아."

아들이 친구와 싸웠다는 말에 가슴이 철렁했는데, 하늘이와 나누었던 이야기를 들으니 걱정은 사그라들고 고마움이 밀려왔습니다. 친구의 마음이 불편할 것이라 헤아려주고 괜찮다고 해준 것도, 편의점에 데려가 너겟을 사준 것도, 현명한 조언을 건네준 것도 다, 정말 고마웠어요. 어린아이가 친구에게 이토록 큰 사랑을 줄 수가 있나요.

"엄마, 그리고 내가 생각해보니까, 걔도 전에 장난치다 내 물통 깨먹었거든. 근데 나는 사놓으라고 안 했어. 내일 걔가 또 새것 사오라고 하면 깨먹은 내 물통 먼저 사오라고 얘기할 거야."

친구와 다투었음에도, 불편한 상황이 여전히 해결되지 않았음에도 아들이 안정감을 찾은 건, 절친 하늘이의 다정한 위로 덕분이었습니다.

"엄마, 나 내일 만 원 줄 수 있어? 나도 하늘이 맛있는 거 사주고 싶어. 하늘이는 정말 좋은 친구야. 나는 걔가 진짜 좋아. 얼마를 써도 안 아까워."

어디 만 원만이겠어요. 맛있는 거 잔뜩 사주고 싶어요. 어려울 때 손을 내밀어주는 친구, 기꺼이 편이 돼주고 마음을 나눠주는 아들 친구가 눈물이 나게 고마워요.

아들은 어려서부터 눈치가 없고 말도 느려 친구들 사이에서 무시당하는 일이 많았어요. 그때마다 상황적 대처에 관해 이야기 나누고 적절한 말을 역할극으로 연습도 해보았지만, 막상 상황이 닥치면 배운 대로 하지 못했습니다. 무례한 친구에게 할 말을 하지 못한 채 얼음이 되어버리고는 했죠.

그런 아들에게 다정하게 말해주고 갈등 상황에서 힘이 되는 한마디를 건네는 친구가 생기니, 아들은 훨씬 빨리 마음을 추스르고 안정을 찾았습니다.

내 마음을 알아주고 이해해주고 나와 함께 해주는 단 한 사람의 친구가 있을 때, 다른 친구와의 갈등이나 문제는 별게 아닌 게 될 수 있습니다. 손을 잡아주는 친구가 있다면, 충분히 극복할 수 있는 일이 되는 것 같아요.

아이들의 친구 관계에 문제가 생길 때마다 부모는 온갖 방법을 가르치려 애쓰지만, 사실 '한 명의 믿을 수 있는 친구'가 주는 위로와 지지는 어떤 조언보다 강력합니다.

**친구가 많으면 정말 좋을까?**

아이가 반에서 인기 있는 친구를 부러워한다면 이렇게 말해주세요.

"친구 많다고 좋은 건 아니야. 한 명이라도 좋으니까, 네 마음을 잘 이해해주고 언제든 힘이 돼주는 친구면 충분해. 그런 친구를 만나려면, 너도 누군가에게 좋은 친구가 되어주어야 하고."

우정은 숫자로 측정할 수 없습니다. 한 사람을 존중하고 아껴주며 믿음으로 연결될 수 있다면, 그 사람은 또 다른 누군가와도 연결될 수 있습니다. 우정은 숫자가 아닌 사랑과 신뢰의 연결입니다.

한 명이라도 진짜 친구가 있다면, 아이는 갈등 속에서도 쉽게 무너지지 않습니다. 우리 아이가 그런 친구를 만나고, 또 누군가에게 그런 친구가 되어줄 수 있도록 부모가 유연성과 인성을 가르쳐주는 것이 곧 진정한 사회성 교육입니다. 모두가 함께 잘 살아가려면, 내 아이 하나만이 아니라 서로를 배려하고 이해하는 아이들이 많아져야 하니까요. 이 책이 그 길에 작은 길잡이가 되기를 바랍니다.

친구를 아껴줄 줄 아는 다정하고 친절한 아이들이 많아지면 좋겠습니다. 먼저 내 아이가 그런 사람이 되고, 내 아이 곁에도 그런 친구가 다가오면 좋겠습니다.

어디선가 또 다른 하늘이가 또 다른 지구의 마음을 다정하게 위로해주는 모습을 떠올려 봅니다. 상상만으로도 기뻐요. 그렇게 되면 친구 문제로 마음 아파하는 엄마도, 모난 태도로 상처를 주고받는 아이들도 줄어들겠지요. 그것이 제가 이 책을 쓴 이유입니다.

우리는 흔히 '내 아이만 잘 키우면 돼'라고 생각하기 쉽습니다. 하지만 아이들의 친구 문제는 결국 '다 같이' 잘 자랄 때 해결될 수 있습니다. 모두가 보편적 상식을 지키고 서로의 개성을 존중하며 타인의 입장을 헤아리는 유연성을 키워간다면, 아이들은 서로에게 안전한 친구가 되어줄 것입니다.

# 아이가 친구 때문에 울 때

**초판 1쇄 발행** 2025년 6월 11일

**지은이** 윤지영
**펴낸이** 서선행

**책임편집** 이하정
**디자인** 북다이브
**마케팅** 김하늘
**홍보** 금슬기

**펴낸곳** 서교책방
**출판등록** 2024년 3월 27일 제 2024-000037호
**전화** 070) 7701-3001
**이메일** seokyo337@naver.com
**종이** ㈜월드페이퍼 **인쇄·제본** 한영문화사

ISBN 979-11-992065-3-3 (03590)

㈜서교책방은 독자 여러분의 책에 관한 아이디어와 원고 투고를 기다리고 있습니다.
책 출간을 원하시는 분은 이메일 seokyo337@naver.com으로 간단한 개요와 취지,
연락처 등을 보내주세요.